U0045822

小宅裝修基礎課

HOW TO MAKE

TINY HOUSE

BIGGER？

東販編輯部——編著

CHAPTER 1
格 局 規 劃

CHAPTER 2
材 質 應 用

CHAPTER 3
收 納 計 劃

CHAPTER 4
小宅空間實例

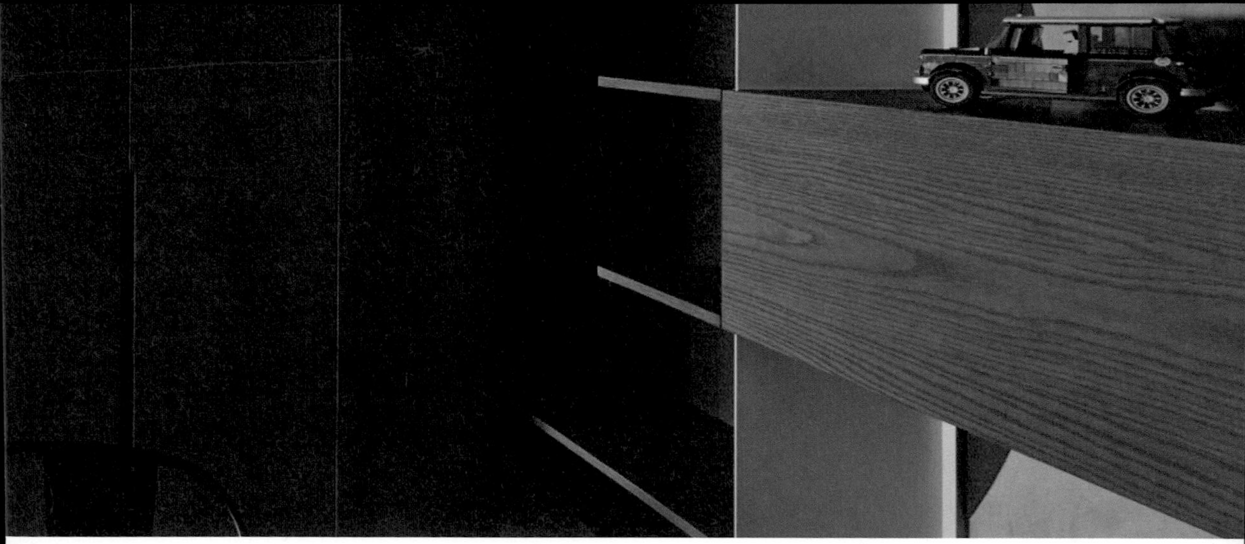

CHAPTER 1
格局規劃

LAYOUT

打破坪數限制，
爭取最大利用率

空間設計暨圖片提供｜溫溫設計

小坪數最讓人詬病的就是容易狹窄侷促，客廳又窄又小，餐廳、廚房放不了中島，臥室放了床，就放不了桌子，空間被切得零碎，怎麼住都不舒適，其實有時不是空間小，而是因爲格局沒做好，導致空間浪費，讓人對小宅有無法住得舒服的刻板印象。

空間愈小愈是要特別著重格局設計，因爲只有透過巧妙佈局與規劃，才能讓每一坪空間都不浪費，發揮最大價值，而且還能在擁有完善舒適生活機能的同時，聰明地避免小宅常見的狹小、侷促感。

去除多餘隔牆，改用開放式設計

隔牆雖然能劃分確切的空間範圍，提升使用隱私，但在小坪數中，隔牆卻是阻礙視線與光線的元兇，無形中會縮小空間感，一個理想的居住空間應該要有充足的採光與開闊視野，因此在空間條件與生活習慣允許下，建議盡可能維持開放的設計，像是拆除封閉廚房，與客廳、餐廳順勢串聯，讓公領域全然開闊，不論是用餐、料理，或者是窩在沙發看電視，都能維持寬敞的空間尺度，提升生活品質。

· 建議順著窗戶安排通透無隔牆的設計，有效引入充足採光的同時，也藉此延展視覺放大空間。空間設計暨圖片提供｜溫溫設計

· 旋轉門片採雙色設計，可依喜好轉向爲白色或黃綠色門片，還可全部收起，形成全然開放的空間。空間設計暨圖片提供｜構設計

若是有隔間需求，又想擁有開闊空間，不妨將隔牆改爲能開闔自如的彈性隔間，能依照不同情境隨時調整，像是廚房運用拉門阻隔油煙，書房、臥室改用拉簾，空間的使用能更具備彈性。除了彈性隔間，也能增設半牆劃分空間領域，半通透的設計照樣能維持視野廣度，坪數小也照樣開敞。

規劃合理的臥室數量與面積

爲了在小坪數多爭取一房，形成所謂的「1+1」、「2+1」房，然而要特別小心這種房仲術語，因爲若是過度切割空間，多出來的臥室其實通常小到只能放張床，走道更是只剩 30 公分，有些則是位置不佳，擠壓到客廳、餐廳，讓公共空間變得小又擠。

爲了避免空間被切割零碎，也防止臥室難以使用，建議依照空間坪數規劃合理的房間數量與面積。一般臥室除了要能放下衣櫃、床之外，最好能再留出放置書桌的空間，一個臥室的機能才算完整，而從這些基本需求來推算，一個臥室至少需要 3 坪以上才合理。 針對不同坪數大小，建議的房間數量如下：

11 坪以下：1 房
12 ～ 15 坪：1 至 2 房
16 ～ 20 坪：2 至 3 房

· 在合理範圍內，依照家庭人數與需求規劃適當的臥室數量，並調整充足的睡寢面積，才不會過於狹窄難住。空間設計暨圖片提供｜溫溫設計房間數量並非愈多愈好，因此不論已買房或未買房，最好依照以上標準來做空間規劃參考，針對自身家庭需求，相應購買空間坪數與房間數量，在有餘裕的情況下，小坪數想讓空間更為舒適寬敞，最好的方式是適當縮減房數，或是藉由略微調動隔牆，來讓空間更顯寬潤沒有狹隘感。

善用層高爭取附加空間

現今的小坪數空間有不少挑高戶型，若樓高有 3 米 6 以上，不妨運用垂直高度，來擴增使用面積。在規劃上，運用夾層設計雙層格局，首先要考慮的是下方必需留有可站立好走的高度，因此至少要 1 米 9 至 2 米以上，上方通常規劃成睡寢空間，高度則以坐在床鋪不會頂到天花就好。雖已預留可站立高度，但位於夾層下方仍不免會有壓迫感，因此適合規劃使用頻率低的衛浴或更衣室，不適合安排客廳、餐廳這種經常性，且使用時間較長的公共空間。

透過向上爭取附加機能，小坪數空間也能運用靈活不狹窄，不過要特別注意的是，法規上限制同一樓層內夾層面積之和，不得超過該層樓地板 1/3 面積或 100 ㎡，以免受罰。

多重空間複合利用，賦予空間多樣功能

小坪數想要合理地利用每一寸空間，不妨讓空間具有重複利用的功能，像是客廳可運用架高地板來區分出閱讀區、小孩遊戲區，或是在書房增設臥榻或壁床，平時作為辦公空間，也能臨時當成客房使用，單一空間具備複合機能，提高使用效率。此外，走廊也會佔用不少面積，為了避免無用走道，可將走道融入空間，例如沿著廊道安排中島或嵌入收納，藉此擴充使用機能。

除了安排多功能空間，也可考慮將空間分割，讓多人可以同時運用，像是衛浴改用分離式設計，把洗手台外移，馬桶間、淋浴間分別獨立設置，刷牙盥洗、洗浴、如廁，一家人都能分散使用，避免增一衛的格局需求，也能有效節省空間。

· 客廳臥榻加寬至單人床尺寸，鋪上床墊、拉上拉門就能變身成臥室，空間因此具備多重機能，使用也更彈性。 空間設計暨圖片提供｜知域設計×一己空間制作

· 架高和室不只可明確界定出場域，更採用玻璃拉門，來保有空間使用彈性與透通感，特別選用灰玻，能避免來自公領域視線，適度保有隱私。空間設計暨圖片提供｜構設計

POINT 01 開放式格局

運用材質、半牆，開放格局建立秩序感

小坪數要保有開闊空間感，大多會選擇開放式格局舒緩擁擠狹小的感受，所謂開放式格局，就是空間不做隔牆封閉，維持通透寬敞的視覺效果，經常可看到的開放式格局有客廳＋餐廳、餐廳＋廚房，或是客廳＋餐廳＋廚房三區全然開放，藉此還原空間深度與廣度，小坪數空間就不會讓人感到狹窄，同時也有利於家人之間的生活互動。

然而在全開放的格局中，各個空間相互融合容易顯得沒有界線、過於雜亂，甚至難免感到缺乏生活隱私，這時就得靠一些小巧思做出領域劃分，維持空間獨立性。

善用色系與材質，圈出空間領域

想讓開放空間有所界定，變換顏色與材質是最快的方法，像是色彩，能第一眼明顯感受空間轉換，瞬間切換截然不同氛圍，自然而然界定出空間領域。而透過表面材質的運用也能直覺性地劃分空間，像在地面運用磁磚和木地板切分廚房與餐廳，或是玄關刻意使用花磚、客廳用木地板，區分內外領域。而不同材質的使用也適當形成機能空間的切換，像是磁磚耐磨耐髒好清理，相對適合用在容易髒汙的玄關、廚房與衛浴。

利用地坪落差界定範圍

除了透過視覺直覺轉換空間，也能利用體感，感受空間變化，藉由安排架高地板來圈出範圍，像是在客廳圍塑書房、小孩遊戲空間，或是沿著窗下架高，就多了一道自由行走的長廊。利用略微升高的高度有效引導視線轉換，也能讓空間具備多重功能性，視覺上又富含變化。不過架高地板想要舒適好走，高度建議在 5 至 8 公分些微抬腳就足夠，若想在地板下方增添收納，則建議至少拉高至 12 公分。

半牆或屏風設計，適度避開尷尬視線

開放空間中若希望有更多隱私性，但

· 透過天花、牆面到地面採用一致色調，明確圍塑空間界線，視覺自然一分爲二，有效切換領域。空間設計暨圖片提供｜知域設計×一己空間制作

· 半牆設置除了在高度上做變化，也可調整牆面寬度，像是與窗邊留出過道，保留通透視野，有效化解牆面厚重感。空間設計暨圖片提供｜知域設計×一己空間制作

又不想過於封閉，不妨嘗試設置半高牆面，像是利用床頭半牆區隔客廳與臥室，電視半牆劃分客廳與餐廳。

一般半牆高度約在 110 至 115 公分，這樣的高度正好是坐在沙發或床上不會相互看到，成功避開尷尬視線，保有適度隱密性，而因爲牆面沒有做滿，因此具備穿透效果，達到緩解空間狹隘感，與放大空間目的。

除了半牆，屏風的設置也能適時遮掩視線，又不至於讓人感到封閉，不過這類設計，比較常見安排在不需顧慮隱私的玄關、廊道位置，主要目的是讓空間有所區隔。

POINT 02 彈性格局

善用活動隔牆與家具，靈活調度空間

在小坪數空間有限的情況下，經常會希望空間能具備靈活調度的功能，期待有獨立空間，又能維持開闊視感，此時就能利用彈性格局來規劃。

而所謂的彈性格局，就是利用能自由開闔的拉門、拉簾或是可移動的牆體、櫃體，來取代固定的實體隔牆，能根據需求隨時開啓、封閉或彈性移動，劃分空間界線的同時，也能保留一定的通透效果。除了採用移動式的設計，也能利用多功能家具轉換空間用途，達到彈性調度格局的功用。

活動門

彈性隔間的運用範圍很廣，在廚房、書房、臥室都能做，大多會採用可活動的門片，像是拉門、折疊門、旋轉門，能兼具開放與封閉空間的功能。

最常看到的是廚房拆除隔牆改用玻璃拉門，透過門片阻隔，有效阻止油煙向外散逸，或是書房兩側牆面都用折疊門，平時全然開放，有工作或閱讀需求時，就能關起來形成封閉的獨立空間，不過要特別留意，折疊門或拉門收起來時，都要預留門片收納空間。

拉簾

想讓空間的流動性更高，可利用拉簾區隔，能全然遮蔽視線，平時也能維持空間開闊。也能搭配半牆設計，在天花安裝拉簾，方便上下調動。拉簾收起時，能收整在牆側或天花，相對不佔空間。但拉簾的封閉與隔音性較低，較適合單身居住或兩人小夫妻，若用在臥室，則須考慮是否會影響睡寢的安穩度。

可移動的牆體、櫃體

別以為牆面、櫃體都是固定做死的，其實能善用五金軌道讓牆體前後推移，甚至轉向 90 度，就能打破牆面、櫃體的固有限制。像在客廳後方做移動隔牆，向後

· 透過可隨時移動的拉門，保留空間的靈活彈性，能依照需求獨立或開放，小坪數自然開闊不擁擠。
空間設計暨圖片提供｜知域設計 × 一己空間制作

· 玻璃拉門可機動性做出空間區隔，爲整體空間帶來更多可能性，且經過精密計算，也能完整收於側牆。
空間設計暨圖片提供｜質覺制作

推讓出更多空間，招待客人更方便，或是利用隔牆轉向，能隔出臥室、書房，劃分獨立空間。透過自由移動的設計，小坪數使用更無拘束。

多功能家具

除了運用彈性隔間，搭配多功能家具也能活用空間。想要多一房，只要在牆面嵌入壁床，需要時就拉開使用，無論是客廳或餐廳，立即變成臨時客房。或是利用上掀式五金，將餐桌藏進牆面，用餐時翻下桌面，客廳也能變餐廳，讓空間具備多重用途，坪數再小也好用。

POINT 03 動線設計

合理安排格局，動線流暢有效率

不論空間多小多大，動線永遠會影響居住的舒適度。而小坪數空間小，動線相對簡單，但也容易交叉重疊，導致公私領域的動線混亂，影響到生活品質。

調動格局時，建議依照生活習慣、使用空間頻率，適當區分公私動線，並進行簡化，避免來回多次，設計出的動線才更合理順暢有效率。同時盡可能創造回字動線，能自由環繞全室的設計，無形能擴大小坪數空間感，讓生活更舒適。

動靜分區，動線互不干擾

小坪數空間經常遇到的問題是，公領域與私領域容易相互重疊，在臥室睡寢時，可能會被臥室外的走路聲音、家人在廚房操作的聲音吵醒，因此動線設計上，務必維持「動靜分區」的設計。

最常見的劃分方式是將動區的公領域和靜區的私領域一分爲二，格局前半段爲客廳、餐廳、廚房，後半段則配置臥室與衛浴，有效區分活動範圍，減少動線交叉影響。建議避免在客廳、餐廳兩側分別安排臥室，雖然方便進出公共領域，但也容易在臥室聽到聲響與動靜，進而影響睡眠品質。

縮短並簡化動線

在規劃動線時，將同性質的活動區域安排在一起，讓動線愈短愈好，不僅操作起來快速，也能節省來回行走的距離。

像是廚房與陽台或洗衣間安排在一起，串聯料理與洗衣的家務動線，或是在臥室安排更衣室與衛浴相連，就能縮短換衣、洗浴、化妝的距離，使用起來快速又順暢。

在設計動線時，也要確保家具的擺放不會影響動線，家具之間至少保留 50 至 60 公分寬的過道，行走才舒適不壓迫。

—

· 規劃格局時，公私領域動線盡可能不要重疊，確保動靜分區，如此才能保有一定生活品質之餘，也能避免客人誤入臥房。空間設計暨圖片提供｜溫溫設計

· 透過家具置中擺放和雙入口的設計，留出能雙向遊走的過道，能自由環繞空間，有效縮短來回距離。空間設計暨圖片提供｜溫溫設計

善用家具與增加入口，打造回字動線

在相對受限的小坪數裡，不妨善用家具或在隔牆增加入口數量，打造回字動線，讓只能單向進出的空間，可自由環繞行走，藉此突破坪數限制，空間使用更自由。例如將中島、沙發、餐桌置中，留出四周過道，不論是用餐、料理都能避免動線交叉，縮短距離。

若要在隔牆安排雙入口，建議在使用頻率高的廚房、衛浴或臥室，利用雙入口設計，就能形成環形的進出動線，有效節省反覆來回的精力，空間也相對開闊。

空間示範

· 隱性分界，保留空間完整寬闊感

爲了確保空間開闊感，不做隔牆而是以地面材質來界定區域，落塵區及餐廚區依使用特性，選用深灰色調磁磚，不只易於清潔，也能讓空間更顯沉穩，客廳則以踩踏舒適的超耐磨木地板，做出場域劃分，同時營造出溫馨、輕鬆氛圍。空間設計暨圖片提供｜構設計

· 彈性設計提昇空間使用多樣性

偏狹長型的客廳，容易產生閒置空間，因此利用一個雙開門設計，來爲空間格局做出彈性變化，關上時可將客廳與書房各自獨立，打開時就成爲一個寬敞的大空間，門片爲玻璃材質，不影響採光，反而因其造型，成爲空間視覺重點。空間設計暨圖片提供｜構設計

· 彈性滑門靈活變化空間機能

與客廳相鄰的空間，規劃爲書房，爲了兼顧獨立性與開闊目的，使用木格柵滑門來讓空間具備彈性，且藉由木格柵來呼應空間風格，同時格柵設計的隱約穿透感，即便拉起門片做爲隔牆，也不會帶來壓迫。空間設計暨圖片提供｜森叄設計

空間示範
PINWORLD

· 相異材質做出分界，保有空間寬敞

爲了獲得更有餘裕的玄關空間，採用斜切方式劃出落塵區，並在地板拼貼水泥色六角磚，除了是呼應空間灰色主調，與室內空間做出明確分界目的外，磁磚便於清潔的特性，也能因應玄關區的使用需求。空間設計暨圖片提供｜森叄設計

· 開放格局創造開闊新生活

打開過去封式隔局，利用開放式規劃串聯廚房、餐廳與客廳，形成一個開闊的生活場域，並藉由拆除廚房隔牆，將自然光線引入室內，大幅改善原來空間陰暗問題，讓生活更舒適。空間設計暨圖片提供｜構設計

· 以一扇滑門改變既有格局

公領域與書房之間以滑門來做出彈性隔間，當滑門收進牆裡，空間變得開闊，沒有小坪數的侷促感，採光、通風也能獲得改善，關上滑門時，由於享有絕佳採光，也不會讓人有狹小、封閉感。空間設計暨圖片提供｜構設計

CHAPTER 2

材質應用

MATERIAL

小宅設計關鍵，材質選對成功一半

空間設計暨圖片提供｜湜湜空間設計

說到小坪數空間，大部分的人多著重在格局和收納，但其實用對建材，一樣有放大空間、增加採光，或隱性界定場域等功能，而且比起大動格局，建材預算反而較低。不過相較於大坪數，小空間挑選建材要花費更多心思，才能兼顧到美感、功能與預算等目的。

建材配置不僅影響生活機能與風格，也與空間氛圍營造息息相關，特別是在小宅設計中，用對材質成爲格局設計的關鍵，除了可以放大空間感，甚至改變氣場、化腐朽爲神奇，讓好窄的房子有機會變成輕豪宅，因此，想要提升小宅的設計成效，選對建材、善用材質絕對是設計的重中之重。

建材爲小宅顏值擔當，影響力大增

小戶住宅因爲可變化運用空間較少，除去必要的格局與動線空間，可以利用作爲設計的標的物也相對稀少，因此，每一項設計都至爲關鍵，需要更謹慎看待，尤其挑選建材時除了要求符合機能需求外，更常常需要肩負起整體設計的顏值擔當，尤以舖面型建材更顯重要，往往一面牆、一扇門的建材就能夠改變整個空間的風格與氛圍。

· 相較於別種戶型，小宅設計更形精簡，常常將機能規劃、風格設定與建材應用合併考慮，也放大建材的影響力。空間設計暨圖片提供｜大見室所設計工作室

· 小宅多以白色爲基調，好讓空間有放大效果，此時木作建材就需肩負質感與色彩設計的重擔，讓空間有增溫效果。空間設計暨圖片提供｜思謬空間設計

另一方面，小宅可改變的硬體設計也較少，若加上有預算考量，就很適合採用輕裝修設計，也就是少更動格局，多運用建材來快速完成設計，以求達到經濟實惠的設計成果，這樣也會放大建材設計的影響力。

用建材虛化隔間，贏得坪效與通透

現代人生活、工作多半聚集於都會區，城市裡住宅空間長期不足，導致絕大多數人的房宅都是愈住愈小，但是對於空間感的渴望卻是愈來愈大，因此，在規畫設計小宅格局時，愈來愈多人選擇作開放空間設計。不過，即使格局被鬆綁了，公、私領域還是需要有界定感，甚至同一空間中還是要有層次感，尤其小宅最怕因隔牆導致空間被切割得零碎，變得窄小不好用，或隔牆擋住光線，造成空間昏暗，如何達成這些隔間的安排，又不會截斷空間感呢？此時善用利用一些具備穿透、反射特質的建材來簡化隔間就是不錯的解方。

例如最常見到在小宅中運用玻璃隔間或鏡面牆設計，就是藉由玻璃和鏡面材質特有的穿透、反射特性，來兼顧實質隔間功能，同時又虛化實牆隔間目的，讓小空間不只能擁有通透視線，不會阻礙光線，甚或能讓空間坪效倍增的好設計。

· 小宅建材應用講究精準，玻璃隔間既能引入光源、讓視覺有穿透感，灰色漆搭配弧形牆則更具寧靜氛圍的感染力。空間設計暨圖片提供｜混混空間設計

· 以白櫃與礦物漆、水磨石等冷灰色調小宅中，只需在軟件家具與地板選用木建材就能微調空間溫度，更顯舒適。空間設計暨圖片提供｜大見室所設計工作室

· 木材質最能提供空間溫馨感，而藉由木格柵設計，不僅能爲木素材帶來變化，同時也有利於爲空間帶來透通感。空間設計暨圖片提供｜森叄設計

建材混搭、跳色設計，迸出活潑感

建材除了能在隔間牆上作出變化，改善小宅的窒礙感外，也可以利用不同建材作雙併或多元混搭的運用設計，讓一面牆展現出更豐富的風情與視覺效果；或者也可利用塗料漆色的變化來區分出不同領域，最常見就是在客廳與餐區牆面上漆上不同色調，除了讓開放格局的兩個區域可以更清楚地作出界定，跳色的變化也讓視覺更有層次；甚至可以在牆面上作出色塊、圖案、主題……等設計，讓原本單調的空間有了故事性、也更活潑。

小宅減法設計，基礎建材提升質感

大宅想要增加空間畫面的豐富性時，可以採用加法設計來增加元素，但小宅想要提升空間質感時往往採取的是減法設計，也就是說在機能性的設計之中，藉由建材的搭配賦予設計美感或造型等，好讓空間在最無負擔下還能傳達空間質感，這種多目標的複合設計，省空間、也避免小宅太過單調、陽春。

善用建材的表情、紋路或質感，正是達到機能與美感雙贏的好設計，尤其在基礎建材部分特別有感，例如木質紋理的系統櫃牆或地板材質，都是鋪陳氛圍的建材好選項。此外，具延展性的金屬鐵件運用在小宅中不僅更省空間，也能夠展顯纖薄的結構線條，透過建材的應用展現出更俐落的小宅。

POINT 01 木素材

木建材鋪陳質感，營造生活感空間

想要快速爲小宅加溫，營造出更具生活感的空間，木建材絕對是第一候選建材。木作工程原本就是裝潢中不可或缺的重要環節，除了在機能與結構的設計應用上需要用到木作，在風格裝飾與情境營造上，木建材也是具有舉足輕重的要角。而在小宅中，木建材常見被應用在木地板、木牆、木天花、木造結構以及木質感的系統櫥櫃，是不可或缺的重要建材。

自然療癒，擔任空間基調的營造師

木建材源自於大自然，本色屬於大地色調，加上木質紋理不只優美流暢，且予人接近森林、大地的聯想，還可緩和其它建材的冰冷感，另外，木建材也能爲空間暈染出休閒與人文氣息，進而緩減小宅狹窄、壓迫的不適感，應用得當還能散發療癒、紓壓氛圍。最棒的是木建材也可透過染色、印刷處理改變色溫，隨心所欲地調配出想要的空間溫度，堪稱是最佳空間基調營造師。

裝飾性木建材，以輕淺色調爲首選

以空間配色原則來說，小宅在選擇木建材時宜多選用輕淺色系，避免過於暗沉的色調，易讓空間有沉重壓力感，甚至讓牆面或地板有被窄化，空間也易有縮小的錯覺。不過，如果是特殊的設計，例如想營造出個性化空間、工業風主題，或是與其它建材互相搭配的話則不受此約束。

木紋理過於明顯容易讓小宅顯雜亂

木建材本身自帶流暢自然的紋理，在大面積使用時可以提升及改變牆面質感外，也能醞釀出藝術氛圍。不過，在小空間中建議宜選擇輕淺、不明顯的木紋理，較不干擾視覺、也不會有退流行的疑慮，如白楊木、楓木等木種；如果希望能運用木紋理來裝飾空間，可挑選核桃木或山毛櫸木這類柔和線條感的木皮，至於鐵刀木或黑檀這類深色且紋理清晰或大的木皮，在小空間較不適合大

· 刻意將木地板不間斷地由客廳向臥室裡舖貼，再搭配木紋理的方向性引導視線，讓空間景深有拉長延伸的效果。空間設計暨圖片提供｜思謬空間設計

· 不外加裝飾設計，透過簡單的建材來作配色應用，以木地板與木作爲基底，搭配鐵件、白牆等讓小宅更顯寬敞有序。空間設計暨圖片提供｜思謬空間設計

面積使用，可局部應用作爲強調線條。不過，木皮紋理是天生自然的，加上每個人的喜好不同，建議購選時應直接從實際樣本或至建材行來挑選較準確。

善用木紋理方向性放大、拉升空間

木建材的溫潤質感除了提供小空間人文氛圍與背景外，還可透過設計手法創造錯覺，如利用木紋理、木架構的線條感與方向性來創造出空間延展性，也就是將木皮的紋理作縱向的貼飾，可以讓屋高有拉升的效果；若木紋理作橫向的舖貼則可以營造出放寬的空間感。此外，也可與不同材質設計成木色塊來設計牆面，這些不占空間的木設計與裝飾都很適合用在小坪數空間中。

POINT 02 石材

風華石材，小宅走向輕奢華的推手

過往印象都覺得小宅不是豪宅，然而這觀念在這年頭也逐漸被打破了，不少頂客族或單身屋主對於住宅要求在於精緻品味而不在大，因此，建材選用上也不乏傳統豪宅常見的石材，而石材也是輕奢華小宅的最佳推手。在小宅中常運用到石材的地方可以是公領域的客廳主牆、廚房檯面，以及私領域的衛浴空間，且無論大面積或重點應用都能讓小空間有奢華亮點。

石材吸睛度高，易躍升爲空間主題

石材與木建材同樣都是自然材質，擁有獨特優雅的紋理，能讓建材在滿足設計機能之外更添美力，尤其石材本身造價不斐，常被視爲設計主題，在花色與設計上更是講究。天然石材紋理千變萬化，甚至同一種石材的紋理樣貌也不盡相同，所以不少屋主都是偕同設計師親赴建材行來挑選石材，甚至有人是先選定石材再開始發展周邊建材設計。但也要小心過於磅礡而鮮明的大花紋石材容易讓小宅顯小，最好選較柔順和緩的紋理，或以白、黑或中性顏色爲主的石材爲宜。

表面加工會影響石材表情與空間感

從礦區開採出來天然石材呈現粗獷崎嶇，在應用之前表面需再以光面、平光、水沖、燒面、仿古面、 鑿面或者自然劈面等各種加工處理，因此，同一款石材也可能變化出不同質感的設計成果，這部分也是石材在設計應用時必須特別注意的。一般光面或平面處理的石材可呈現明快而輕奢的視覺效果，至於水沖或燒面則有消光效果，展現低調奢華的美感，特別是用來做爲裝飾面的石材要事先斟酌使用。

換貼薄片石材、石紋磚，高貴不貴

天然石材施工上必須要考量牆面承載力，同時石材本身也有一定的厚度，這對於小宅來說無疑是增添壓力。因此，

- 廚房石材檯面是小宅中常見建材，不僅可提供易潔、堅固等實用機能，也具有輕奢、穩重的質感，展現俐落美感。空間設計暨圖片提供｜大見室所設計工作室
- 衛浴間可選用石紋大板磚來做舖面，提供石材外觀的奢華感外，對於小宅也較省空間，保養上也較天然石材相對方便。空間設計暨圖片提供｜大見室所設計工作室

建議可以挑選薄片石材來應用。薄片石材也被稱為礦石板，重量大約只有傳統石材 1 / 10，厚度約 1.5mm 左右，與其它鋪面建材差異不大，用於小宅中相當合適。除了天然的石材以外，隨著磁磚技術的不斷進步，仿石紋磚也是另一種經濟實惠又能保有奢華美感的建材選擇之一。在選用石紋磚時可以挑選大尺寸款式，讓石牆的擬眞度更高，有些廠商甚至推出達 100×300 公分的大薄片石紋磚，應用在客廳或衛浴空間，都能讓小宅奢華大幅提升。

文化石局部應用意外帶來溫馨氛圍

文化石也是許多小宅愛用的石材，文化石色調頗多元，加上北歐風、美式風、工業風、鄉村風等空間都適用，不只可讓小宅瞬間有聚焦點，也能強調風格特色，是不錯的主牆建材。不過，應注意褐黑或紅色文化石牆容易有沉重感，在小宅中應以局部牆面使用較為合適，以免為空間帶來壓迫感。

POINT **03** 塗料（油漆）

跳色漆牆，改變風格、界定格局它都行

盤點牆面裝飾建材，最經濟實惠且受大衆歡迎的莫過於油漆了。尤其施工技術門檻低、現場準備工作簡易，所以有興趣的屋主也可以 DIY 施作。油漆在室內裝修工程中主要應用在牆面、天花板，既具有保護牆面功能，也能作為裝飾材來美化牆面，同時經過色彩搭配、圖騰或線條、色塊等技法，能讓空間在風格、氛圍或格局上發揮更多設計效益。

小宅不侷限白色，莫蘭迪色更紓壓

想讓小宅空間有放大效果的牆面漆色選擇，除了白色，也可考慮近年流行的莫蘭迪色調，也就是加入灰色階的低明度色調，無論是藍色、粉色或綠色調都能展現出沉靜而安穩的優雅情境，緩減小空間帶來的壓迫感。此外，美系風格常見的鵝黃、天藍或麥褐色也能給小宅溫暖氛圍。較不建議的色調，則為紅、橘色或亮黃等具膨脹感的顏色，除了讓小空間更顯小外，長期居住其間也易有躁動的情緒。

跳色界定分區，也打造出個人風格

在小宅中可以利用漆色變化來取代隔間，讓不同空間有所區隔，也營造出隔間模糊化的放大設計效果。例如開放格局的客廳與餐廳，或是客廳與書房等，就可以運用不同牆色的搭配或跳色來做示意，是開放空間中很常見的隱形隔間設計，還能增加空間層次感。如果喜歡活潑風格或者是有設計感的空間，也可以運用幾何圖案、主題性的漆繪設計來呈現，讓牆面轉化為畫布，打造出具有個人特色的獨家設計，這也是其它建材較難達成的效果。

配色不宜過多，以免複雜不安定感

考量小宅空間的視覺集中性高，若同一空間中顏色過多，容易造成畫面雜亂感，因此，在黑、白、灰等基礎色外，牆面漆色盡可能不要超過 2 至 3 種；至於色調搭配則以同色系、不同彩度的搭配最具有協調性，可讓空間有層次變化，

· 黑板漆具有裝飾效果，讓空間中多了一道出色牆面外，也可當作孩子塗鴉牆或留言板，是小宅想省空間的好設計。空間設計暨圖片提供｜大見室所設計工作室

· 運用礦物塗料可為牆面增加質感，營造特殊風格氛圍，是小宅無負擔的裝飾建材，也能透過不同漆色來分割牆面。空間設計暨圖片提供｜大見室所設計工作室

卻不會有複雜感。或可挑選相鄰色系來做搭配，例如選定黃色為主色，再搭配綠色色塊或線條做變化，可呈現朝氣感。當然，除了油漆色，其它建材用色也要統整一併考量，以免讓空間有不安定感。

珪藻土、黑板漆、特殊漆增加機能

除了傳統的油漆工程，特殊漆也是近年來很受歡迎的裝飾建材。例如強調具吸濕性的珪藻土是不少人的健康宅首選塗料，同時也能營造出自然仿舊的漆色質感。而仿清水模特殊塗料則可在指定的牆面營造出侘寂感，讓小宅也能藉著一面牆享有純淨而療癒的生活情境。或是有人會在家中打造一面黑板牆，特別是年輕家庭的小宅可運用黑板牆給孩子做塗鴨牆，或家人間的留言板，讓一面牆呈現更多功能，這也是油漆建材的一大優勢。

POINT 04 玻璃材質

玻璃解放格局，住出通透、延伸感

玻璃是裝修中廣泛被運用的建材之一，常見使用在窗戶、門、牆、櫥櫃等設計，除具有保護與裝飾性外，也常被拿來作爲界定隔間之用。雖然無論大戶小宅都會使用玻璃，但對於小宅來說，使用占比與重要性明顯高出一截，主要是玻璃具有穿透的材質特性，可緩減空間被切割、阻斷的問題，在視覺效果上有放大、通透與延伸效果。

玻璃窗、牆打造輕盈通透視覺出口

可獨立使用，也可與其它建材作搭配設計的玻璃材質，用途相當多元，而且除了清玻璃具有完全通透的視覺效果，還有白膜玻璃、長虹玻璃、壓花玻璃、不同處理或工藝加工設計的玻璃種類，但不管哪種，或使用在哪裡，玻璃穿透與反光特質，就是能爲空間帶來輕盈感，甚至不一定要大面積使用，例如以格窗或櫥櫃門等小範圍使用，也能營造出留白與透視效果，讓原本窒礙或受侷限的小空間，獲得舒緩的出口。

拯救採光就靠它，暗室重現光明感

小宅因坪數小，常常只有公共區域的客廳或主臥室才有採光面，甚至很多小房子是只有單面採光的格局，在單向採光的室內，只要作上隔間牆就容易造成有暗房，特別是在玄關、餐廚區、走道甚至是衛浴間、更衣間等空間，往往無法獲得自然採光。此時，就可以運用玻璃建材來設計屏風、假窗或隔間牆，順利將戶外自然光間接地引入沒有窗戶的空間，好讓居家環境排除陰暗感而更健康。

玻璃隔間界定格局，最無損空間感

小宅的居住成員多半單純，單身、頂客族或是年輕小家庭，這樣的家庭模式關係親密，隱私需求度也較低，加上小宅若過度隔間容易讓空間更有壓迫感，所以如果只是想讓格局更有層次感，就可選擇以玻璃來作爲隔間建材，設計出最無損於空間感的隔間或牆面。例如

· 除了通透性，具紋理的玻璃也具有裝飾效果，甚至可與其它建材搭配，營造層次、延伸感或遮掩的各種效果。空間設計暨圖片提供｜思謬空間設計

· 小宅因基地小，屋內常僅有單向採光，可運用玻璃與金屬框架來取代實牆隔間，以便讓陰暗區域引進自然光源。空間設計暨圖片提供｜混混空間設計

書房或和室都可採用玻璃的隔間牆或格子窗、拉門設計，臥室內的更衣間或浴室也可用玻璃屋型態來呈現。小空間如樓梯間扶手、夾層護欄等都可運用玻璃材質，讓空間感不受破壞。

花紋玻璃具有獨特裝飾性與風格

除了輕盈感，玻璃也具有極佳裝飾效果，在日系與北歐風格住宅中常見的長虹玻璃正是其一，隱約穿透的直紋線條讓空間更清新雅致。而歐美古典風格中也可見到鑲嵌玻璃，或台式風格中懷舊的壓花玻璃，甚至現代風格的烤漆玻璃等，這些都是很經典的風格裝飾元素。另外，想讓玻璃建材更具隱私性時，可作貼膜處理，或使用雙層長虹玻璃，也可選用電控玻璃來因應，需要時只需按開關通電就能改變玻璃的透明度，讓隔間的設計更靈活。

POINT **05** 鏡面材質

善用鏡面，可提高坪效、還賺顏值

鏡面與玻璃堪稱是小宅建材的兩大魔術師，除了同樣具有放大空間的視覺效果外，兩者呈現手法也頗相似，幾乎都不需佔據空間，只要貼附在特定牆面就可改變空間樣貌，對小宅來說是坪效極高的建材。

不過，鏡面在裝修運用上不適合獨立存在，多半須依附在木作、固定結構或實牆上，經常用在屏風、櫥櫃、門片或牆面、天花板，藉由鏡面建材以增加視覺延伸與空間錯視效果。

鏡面應用可分剛性需求與柔性裝飾

鏡面應用在室內裝修中可分爲實用與裝飾兩大面向，也就是剛性與柔性需求。在實用面的應用通常指的是在玄關、臥室、更衣間與衛浴間的穿衣、化妝鏡面等；此外，有設置瑜珈室、健身房的空間也會安排大面鏡牆，這些設計主要是依據使用者需求來量身規劃。

至於用在裝飾的柔性需求上，就是指以美化與放大空間爲主要目標的設計，空間並不侷限特定區域，而且應用於裝飾設計的鏡面自由度與變化性都相當大，可能是一大片牆面，也可能只作點、線或塊狀的應用，甚至做出特殊造型也行。

貼鏡設計神救援，放寬、拉高空間

鏡面應用與設計靈活度很高，尤其在小宅中可以在需要處將鏡面直接貼在牆上，營造出雙倍空間感；若貼在低矮的大樑上，也能讓天花有拉高效果，避免有壓迫感。除此之外，遇到空間中有突兀的柱體時，也可以用鏡面作包覆來化解畸零感，讓柱體無形化、還能避免柱體禁忌。

若不想大面積作貼鏡設計，可以運用線條或塊狀設計來裝飾空間，讓視線有穿越或延伸感，形成視窗或營造出假窗的錯覺，也減緩牆面截斷印象，種種

· 玄關周邊的鏡面主要作爲整理儀容的穿衣鏡，但在小宅若挑對位置擺放鏡面，則可藉鏡面反射達到空間延伸效果。空間設計暨圖片提供｜大見室所設計工作室

· 在寸土寸金的小宅更衣室，可利用鏡牆或是櫃門貼鏡設計來放寬空間感，同時也作爲穿衣鏡使用。空間設計暨圖片提供｜思謬空間設計

神奇裝修效果，堪稱是神救援的建材好手。

鏡面加工處理，變化特定空間氛圍

傳統鏡面多半是銀色外觀，但爲了更符合於空間設計的需求，用於裝修上的鏡面也發展出許多不同的色澤，例如茶鏡、灰鏡、黑鏡等，這些不同顏色的鏡面，可爲空間注入不一樣的氛圍，對於風格營造也很有助益。

通常銀色鏡面能營造出清爽、健康氣息，至於茶鏡或黑鏡可營造奢華、神秘感，而灰色鏡面則顯得較爲低調、不張揚。另外，也可以在鏡面上蝕刻花紋、圖案，這些加工處理可以增加設計的多樣性與個性化，讓鏡面擺脫陽春感。

POINT 06 金屬材質

纖薄有力，最酷的裝飾結構好幫手

金屬建材涵括的種類與範圍相當廣，應用在室內裝修中更是從內部結構到表面裝飾都可見其蹤影。從建材屬性來看，可將金屬粗分爲第一類的黑鐵、鋼鐵、不鏽鋼，以及第二類鋁、銅、鋁合金、銅合金及貴重金屬如鈦等，第一類的鋼鐵類多半用於結構牆、建築支撐或樓梯結構等，第二類則用在鋁門窗、輕隔間或裝飾面等室內裝潢爲多，其中較特別的是不鏽鋼的應用廣泛，室內、戶外及日常用品均有所應用。

金屬建材實現小宅纖薄化裝修美學

金屬建材雖依材質特性差異導致應用的區域不同，但多半都具有堅固、耐用與高延展性等特質，也就是說金屬建材只需用木、玻璃或其它材料一半的厚度或寬度，就能讓結構達到同樣的承重力與強度，此一特質用在對於空間利用率錙銖必較的小宅中更可發揮極大作用，例如展示書牆的金屬層板，或是金屬結構的門窗框架，這些纖薄化的基礎結構都是實現小宅美學的重要環節，也是小宅不可或缺的重要建材。

工藝加工讓金屬建材擺脫機能印象

隨著工業風的廣受歡迎，不少原本只用於戶外或工廠的金屬建材，也紛紛被拉進室內裝修之列，鍍鋅鋁板或金屬浪板就是其一，讓金屬建材本身也成爲風格語彙。除此之外，金屬板可以作烤漆變化色調，讓小宅更有繽紛或現代感。而金屬原色的不鏽鋼也可以有毛絲面或光面之分，甚至可以將金屬作圖紋蝕刻或鏤空等裝飾設計，這些日益精進的工藝技術都讓金屬板擺脫單調、乏味或不美觀的機能印象。

金屬沖孔板具有穿透、散熱的特色

如果想要有纖薄結構，同時又希望有穿透的空間感，那一定要認識沖孔板，簡單說就是打了孔的金屬板，以往較常見用在結構樓梯、護欄，或是需散熱的

· 為避免小宅因過多櫥櫃而更顯狹隘，櫃體可以運用纖薄化的金屬材質來達成，從架構或層板都讓空間更輕盈化。空間設計暨圖片提供｜大見室所設計工作室

· 金屬建材相當多元，且經過加工處理能有不同色澤與表面質感，如銅金色的門框能為整體空間注入奢華氛圍。空間設計暨圖片提供｜大見室所設計工作室

電器外圍，既可保護電器，又避免過熱。但近年也有人將金屬沖孔板應用在室內隔間上，或做櫥櫃門板、牆面飾板等，讓光線、視覺與氣流可以更通透，也改善金屬板常給人的封閉感受，也是小宅可以創意嘗試的金屬建材。

異材質混搭，緩減金屬的冰冷感

擔心在小宅中使用過多金屬建材容易導致冰冷感，可以多運用異材質混搭的手法，其中最常見的就是黑鐵與木質的異材質結合，可以打造經典工業風格外，一冷一暖的建材屬性也恰可調和出完美溫度。至於玻璃、石材等與金屬搭配則可呈現現代俐落感，這些打破藩籬的設計手法，都能讓空間的樣貌更為多樣化，用在小宅中也可增添更多個性與創意。

空間示範

· 金屬＋玻璃是小宅隔間神救援建材

金屬鐵件具有纖薄而堅固的特質，而玻璃的穿透感又能避免空間被截斷的封閉感，兩者結合可讓隔間輕薄化，而且適用於多種風格，又可變化出各種造型隔間設計，堪稱是小宅神救援建材。空間設計暨圖片提供｜混混空間設計

· 塗料 & 玻璃磚牆打造城堡風

玻璃磚除了可作爲隔間或是牆面裝飾材質，與燈光搭配應用時還能打造出燈箱效果，成爲空間的光源與焦點；弧形牆則運用特殊塗料刷出城堡氛圍，搭配燈光樓梯營造強大舞台氣場，擺脫小宅的侷限感。 空間設計暨圖片提供｜混混空間設計

· 流線石材讓小宅也有大器風範

石材自帶優雅紋理與自然色澤，是許多人最愛建材之一，卻怕用在小宅中會顯得格格不入，其實透過不同大理石材的搭配，以及開放格局設計，即使是空間有限的小宅或私領域也能因石材更顯大器風範。空間設計暨圖片提供｜大見室所設計工作室

· **雙玻璃拼接滿足穿透與遮掩**

具穿透特質的玻璃經過加工處理後可呈現一定程度的遮掩效果，對於想要有穿透感而放大空間，同時又希望能遮掩雜亂的小宅來說是很好利用的建材，甚至可在同一牆面運用拼接方式，將長虹玻璃與清玻璃拼接應用。空間設計暨圖片提供｜思謬空間設計

· **烤漆鐵件兼具機能與細節設計**

在臥室電視牆上將纖薄鐵件透過灰白烤漆處理後，以簡約的縱橫線條做成造型裝飾，讓平淡白牆更有立體感與設計細節，也不會讓小空間有太大的壓力，同時也賦予電視牆置物平台的機能。空間設計暨圖片提供｜思謬空間設計

· **石紋鋪面電視牆提升小宅品味**

對於小坪數空間可以選擇較低調的紋理石材，或是可以選用大板磚來取代天然石材，並且輔以原色木質框架來設計電視牆，讓視覺重點放在石紋的優雅與質感，也增添空間品味。空間設計暨圖片提供｜思謬空間設計

· **金屬線條強化結構、也具裝飾性**

金屬建材因具有纖薄、極佳延展性，可運用在櫥櫃的結構上，讓櫃體輕量化，也可作為裝飾性線條，如廚房吧檯的外框飾條設計，除了更安全堅固，也與磁磚面形成材質差異化的細節美感。空間設計暨圖片提供｜大見室所設計工作室

空間示範

· 溫潤木質床頭飾板讓人如臥森林

小坪數臥室的設計元素宜簡單素雅，不妨考慮可運用溫潤色澤的木紋板鋪陳大面積床頭，除了營造滿滿芬多精的森林感，縱向往上的木飾板線條也能讓空間有拉高的視覺效果。空間設計暨圖片提供｜思謬空間設計

· 木建材圍塑自然休閒的空間基底

針對以溫馨氛圍爲主的小空間設計，木建材是合宜且好用的選擇，透過木地板與木作的鋪陳，爲空間打下自然休閒的基底，建議宜選擇紋理輕淺，或加點灰階的木質色調，讓空間更顯溫和、無壓力。空間設計暨圖片提供｜大見室所設計工作室

· 鼠尾草綠牆漆出小宅的暖陽氣息

漆色不只可以美化保護牆面，也是空間氛圍的主要營造者之一，選定鼠尾草綠作爲主牆色調，讓小宅有自然透氣的暖陽氣息；另外，大樑處保留米白漆色則顯輕盈，可以有拉升屋高效果。空間設計暨圖片提供｜大見室所設計工作室

CHAPTER 3

收納計劃

STORAGE

極致發揮坪效，空間沒有變小
還能輕鬆收又收得多

空間設計暨圖片提供｜溫溫設計

收納一直是居家裝修最被重視的問題，尤其對小坪數空間來說，更是除了格局以外，屋主們最希望解決的問題，如何在有限的空間裡，兼顧生活中的收納需求，還要避免壓迫到生活空間，除了運用設計巧思外，改變收納思維，才能收得多又住得舒適。

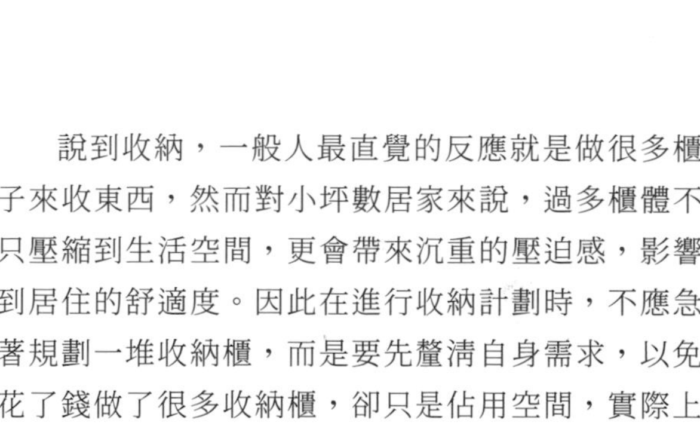

說到收納，一般人最直覺的反應就是做很多櫃子來收東西，然而對小坪數居家來說，過多櫃體不只壓縮到生活空間，更會帶來沉重的壓迫感，影響到居住的舒適度。因此在進行收納計劃時，不應急著規劃一堆收納櫃，而是要先釐清自身需求，以免花了錢做了很多收納櫃，卻只是佔用空間，實際上並不好用。

依據生活方式設計的收納才好用

是不是常常會有做了櫃子結果不好用，又或者明明做了收納櫃，還是收不好的問題？會發生這樣的困擾，歸究其原因，是因為沒有深入了解平時生活習慣以及收納需求，才會導致明明有了櫃子卻收不好的窘境，不想花大錢，卻淪為閒置空間，建議做收納計劃時，應先從思考使用習慣、有多少物品要收納、希望空間呈現樣貌等問題開始。

· 沿牆面規劃櫃牆來收整收納機能，爲了緩解櫃體壓迫感，以白色做爲主色調，再利用線條分割設計、局部鏤空，來增加設計亮點，淡化櫃牆存在感。空間設計暨圖片提供｜構設計

· 沿著廊道的中島，採用雙面櫃設計，面向廚房，能收納備品雜貨，面向廊道，以開放櫃設計方便隨時取用，讓收納方式更多元，收納也更便利。空間設計暨圖片提供｜知域設計

例如玄關區，一般人除了在這裡穿脫鞋子，也可能有放置鑰匙、信件等隨手物品，及暫放買回來的雜物等需求，所以在規劃玄關收納櫃時，就不能只有收鞋子功能，而是要根據這樣的生活情境與使用習慣整合多種機能，可能要有收納生活小物的平台，預留收納衣物的空間，甚至可以有穿鞋椅等設計，從平時生活模式衍生出附加機能的櫃體，不只貼近實際使用需求，藉由功能的整合，也能更有效利用空間，讓收納變得容易，同時提高收納意願。

根據使用頻率，聰明混用櫃設計

一般來說，櫃體大致上可分爲開放式收納和封閉式收納二種，開放式收納因爲沒有門片設計，不會給空間帶來壓迫感，但收納物品外露，因此收納時需花費較多心思；封閉式收納也可稱之爲隱藏式收納，多了可將收納物品隱藏的門片設計，空間看起來自然整潔，不過這種櫃體相對存在感強烈，在小空間裡容易造成壓迫感。

對於想要收的多，又想要有開闊感的小空間來說，完全使用開放式收納，平時如果沒有勤於整理，過多物品外露容易讓空間看起來凌亂，居住起來並不舒適，而過多隱藏式收納，又太有壓迫感，因此最好的方式是兩種收納型式混搭使用。常用的東西採開放式收納，方便隨時取用、收起來，不常用的

· 玄關櫃刻意做出一個平台，用來放置隨手小物，位於玄關區段採用懸空設計，視覺上顯得輕盈，下方空間也能擺放常穿的鞋子、掃地機。空間設計暨圖片提供｜森叄設計

· 開放式收納櫃不易對空間造成壓迫，但東西沒收好又容易顯亂，可搭配抽屜、隔板等收納小物，來讓收納看起來既有生活感，卻又井然有序。空間設計暨圖片提供｜十一日晴空間設計

· 小坪數常見利用家具界定空間，採用矮櫃來做出界定功能，同時能兼具客廳沙發背牆，與餐廚區收納功能。空間設計暨圖片提供｜初白設計

東西，以隱藏式收納收起來，避免造成空間雜亂。不過如果家中家飾、生活小物、照片等需展示的物品較多，開放式收納比例可以增加，只要搭配收納籃、隔板等工具，將物品加以分類收納，視覺上便能井然有序。

縮短收納移動距離，讓收納變輕鬆

做了收納櫃若不能輕鬆收納，就容易成爲閒置不用的空間，常見規劃有儲藏室，或做了整排收納櫃，卻不見得好收、好整理，想讓收納變容易，重點在於將收納移動距離盡量縮短。小坪數雖然小，空間也大多會重疊使用，但收納櫃的位置安排仍然重要，建議先了解在每個空間使用的頻率與時間長短，再來決定收納櫃位置，如此才能將收納落實生活，讓收納變得輕鬆又容易。

多重機能節省空間，增加使用坪效

對寸土寸金的小坪數來說，每一坪空間都要用得極致，不想因爲櫃體佔去空間，又想有更多收納，那麼透過多重機能的整合，便可解決空間不足的問題，例如在架高的和室、臥榻等區域，利用架高深度搭配拉抽、上掀式設計，創造收納空間；用來隔間的隔間牆，改以收納櫃來取代，兼顧隔間牆與收納目的，同時省下隔牆空間，又或者善用樓梯立面、踏板，將其做爲收納空間，藉由機能的整合，可減少櫃體需求，釋放更多空間，讓小坪數既開闊，收納一樣滿點。

POINT 01 好用的櫃設計

透過尺寸、材質精算設計，就能收得多還收得輕鬆

除了收納功能外，對小坪數空間來說，櫃體不能壓縮到生活空間，也不能讓人有壓迫感，因此必需特別細心設計與規劃，才能讓收納好用、有設計感，又不影響開闊感。

從開放式收納來看，除了選用實際的櫃體，還可改以層架來做取代，層架上牆設計視覺看起來輕盈，再搭配可調式支架，使用就更靈活彈性，而且更不佔用空間，若想看起來更無壓，層板材質可選用鋼、鐵材質，厚度輕薄，卻不用擔心承重問題。

封閉式櫃體的沉重壓迫感，可以懸空設計來解決，這種設計手法能讓製造輕盈視覺，而且適用在玄關、客廳、廚房等區域。

一般規劃在客廳，通常會做在沙發背牆位置，此時注意櫃體至少離地160公分以上，避免讓坐著的人有壓迫感；常見的廚房吊櫃，則需離地145至155公分，上吊櫃與檯面距離要有60至70公分；玄關鞋櫃的懸空高度則至少要有20至30公分左右，因懸空設計多出來的空間，才好放置拖鞋、掃地機器人。

爲了爭取更多收納空間，最常見將樓梯踏板做成抽屜，又或是採用架高和室、臥榻設計，樓梯經常踩踏，做成收納空間時，要特別加強承重，拉抽深度則不宜超過70公分。

和室、臥榻面積較大，大多規劃收納大型物品，因此上掀式設計在收放物品時會比較便利，而若是做成拉抽設計，則要特別注意周圍環境狀況，以免拉抽時容易受到阻礙，而不利於使用。

不論是單個或一整排收納櫃，封閉式收納櫃的存在感難以忽視，想降低壓迫感，最簡單又最快速的方式，就是將櫃體塗刷上白色或淺色系，利用顏色降低量體重量感，在門片材質選用上，可選用可製造輕盈感的材質，例如具透視

· 電視牆後面藏著通往夾層樓梯，利用階梯高度，階梯立面設計成拉抽式抽屜，解決小坪數收納不足的問題。空間設計暨圖片提供｜構設計

· 主臥採用架高地板設計，不只在臥房面安排收納，在面向客廳的一側則設計成抽屜，充實客廳的收納機能。空間設計暨圖片提供｜知域設計

效果的玻璃材質。

除此之外，把櫃體融入空間成為空間的裝飾，也能有效淡化櫃體存在感，例如整面櫃牆難面看來無趣，若穿差鏤空設計，便能讓立面做出變化增加設計亮點，又能增加收放生活小物、家飾品的平台。

而看似不重要的把手，若改為隱藏式把手設計，就能提昇質感，且有收整線條製造俐落視覺效果；如果不想過於複雜，可以採用線條分割設計，來讓櫃體做出細緻的視覺變化。

POINT 02 創造收納空間

善用空間所有角落，強化坪效、擴充收納量

空間雖然小，但收納一樣不能少，然而如何在有限的空間裡，創造更多收納空間，滿足收納需求？

其實仔細觀察，在大部分建築裡，都存在有結構樑柱，這些樑柱既無法拆除又避免不了，且樑柱和牆壁間又可能因此產生不好用的畸零死角，此時看似難解決的問題，只要加以運用便能成爲多出來的收納空間。

常見的又粗又大的天花樑柱，只要沿著樑柱規劃，便可借其深做成收納櫃，此外還有收整立面線條效果，至於因壁面與樑柱而形成的畸零地，規劃成收納櫃，可順勢將柱體收在櫃子裡，表面看起來就舒適許多，若空間不夠，或是難用的畸零地，直接放上層架，便立刻成爲收納空間，或者是規劃成和室、臥榻，藉此拉齊空間線條，同時又能利用架高設計，創造出更多空間做收納。

小坪數最常見挑高樓型，而這類屋型最大特點就是高度夠高，常見有樓梯設計；其中看似佔用空間的樓梯，透過計算規劃，樓梯踏板可利用上掀、拉抽等設計，做成收納空間，而沿著樓梯的壁面一樣不浪費，只要加以設計，便可打造成收納量充足的收納牆，至於樓梯下方形成的畸零角落，可以根據收納需求，做成收納櫃或儲藏室收納。

挑高屋型特有的樓高優勢，有利於將收納往垂直立面發展，爲了避免隨之而來的壓迫感，可採用隱形門片設計，來達到創造收納空間目的，又凸顯挑高小宅優勢；不過挑高屋型往垂直發展時，要特別注意收納櫃的高度，要避免因高度過高而有拿取不易的問題。

其實就算不是挑高屋型，一樣可以將收納往垂直壁面發展，像是洗衣機、馬桶上方等地方，只要在壁面拼貼洞洞板、層板或者掛勾，就可以創造出收納空間，而且視覺看起來相當輕盈，不易讓人感到壓迫。

・利用天花樑柱深度，規劃整片收納櫃牆，不只有收整空間線條目的，也能避免產生畸零空間。空間設計暨圖片提供｜構設計

・第一階樓梯延伸爲電視櫃並增加收納抽屜，樓梯踏面也不浪費，全部規劃成上掀式收納空間。空間設計暨圖片提供｜掘覺設計

小坪數居家經常利用收納櫃來做爲空間隔間，不管是矮櫃、高櫃，都可採用雙面櫃設計，如此一來不只收納空間增加，也能同時提供兩個區域做使用；另外，看似沒有任何功能的走道空間，只要經由設計規劃，也能打造收納空間。

POINT 03 獨立儲藏室更好收

不想做一堆收納櫃，不如規劃一間收納靈活的儲藏室

收納一直是居家空間裡最被重視的問題，然而有時做了一堆櫃子不好用，加上如果是小坪數空間，還容易讓人感到壓迫和佔用太多空間，此時換個想法，捨棄舊有收納櫃設計，規劃一間儲藏室或許會來得更好用。

其實相對於收納櫃，儲藏室可收納物品大小、種類比較不會受到限制，空間裡的收納細節也可依據收納物品，加裝吊桿、層架、收納盒等輔助收納，使用起來相當靈活且具彈性，加上儲藏室裡大多不會再規劃櫃體，甚至選擇不封天花，來獲得更多空間，就整體來看，規劃一個儲藏室的費用，可能還比打造收納櫃的費用來得便宜。

不過對空間使用精打細算的小坪數居家來說，有人擔心是不是會佔用空間，但其實一間儲藏室需要的坪數不大，而且不是愈大就愈好用，一般合適的大小約是0.5～1坪左右。

至於儲藏室的位置，可以盡量選在沒有採光面的區域，以免佔用空間採光，或選擇可與四周牆面切齊的位置，讓儲藏空間自然融於空間裡，又或者因爲隔間而產生的畸零地等，都是可以用來規劃成儲藏室的位置。

1. 玄關

玄關是出入家門的區域，在玄關區規劃儲藏室，除了可擴充收納鞋子的空間外，也能在一進家門，就把剛買回來的雜物、生活用品隨手收納，根據使用習慣，平時日常用的衣帽、包包等，也很適合收在這裡，由於位在出入動線，使用頻率高，收納物品也不容易被遺忘。

2. 畸零角落

老屋、中古屋、長型屋常因隔間而形成難用畸零地，而新成屋則常見有粗大又無法避免的構結樑柱問題，將其透過設計規劃成儲藏室，不只能增加活用空間，增

· 以步入室更衣室取代衣櫃，不只可減少費用，同時可完全依照屋主收納習慣自行打造，使用上更自由也更彈性。空間設計暨圖片提供｜構設計

· 獨立更衣室運用簡單層板與收納盒，方便彈性整理衣物，獨立儲藏室，則搭配活動層架，方便收納換季家電、行李箱與各種生活雜物。空間設計暨圖片提供｜十一日晴空間設計

加收納，同時也能藉此整平空間格局，讓空間看起來更方整。

3. 夾層、樓梯下

挑高屋型經常採用夾層設計，若夾層設計在臥室，可將上面規劃成床鋪，下方做成儲藏室，睡眠時不需太多空間，因此儲藏室便可做至180公分高，維持可站立高度，使用起來才舒適。樓梯下方形成的畸零空間，往往因為空間不夠方整而難以使用，然而藉由規劃成儲藏室，就能善用空間增加收納。

空間示範

· 收納留白展現愜意生活氛圍

老房子重新裝潢後的廚房，採用開放式格局規劃，收納部份除了頂天高櫃外，廚房上櫃刻意不做滿，部分改以層架取代，減少過多櫃體帶來的壓迫感，也能展現材質原始肌理，爲空間帶來自然休閒的生活感。空間設計暨圖片提供｜構設計

· 精巧計算，極限運用空間

空間雖小但樓高三米，採夾層設計規劃，下方步入式收納空間 180 公分高，收納量充足又不會有壓迫感，上方床鋪則保留坐臥都舒適的 120 公分高，至於樓梯也全部打造成拉抽收納，方便收納生活小物。空間設計暨圖片提供｜構設計

· 交集功能設計讓出更多空間

運用功能交集的概念，讓電視櫃也是從衛浴外移的洗手台面，同時是樓梯的第一層階梯，集結了機櫃、收納與台面等多種機能。空間設計暨圖片提供｜質覺制作

空間示範

· 複合式櫃體集結多元收納

利用進入廚房前的廊道牆面規劃懸浮式櫃體，抬高設計可收納掃地機器人，櫃體利用木板拼接做出線條感，搭配馬賽克磚創造鄉村氛圍，櫃體深度特別預留 60 公分，檯面就能收納電器用品。空間設計暨圖片提供｜十一日晴空間設計

· 樑下規劃收納，有效應用空間

屋主收納需求不高，主要有陳列書籍、生活物品等需求，於是將收納需求，延著樑柱規劃成一道以開放式層板收納爲主，封閉式收納爲輔的收納牆，如此一來可滿足收納需求，也能收整空間線條，減少畸零空間產生。空間設計暨圖片提供｜構設計

· 以白自然融入空間，淡化櫃牆壓迫感

將收納與電視牆整合成一面收納櫃牆，並以全白色調與隱性把手設計，來淡化櫃體壓迫與存在感，只在其中三個門片，做線條分割設計，來製造視覺變化，同時也呼應天花的斜屋頂設計。空間設計暨圖片提供｜構設計

CHAPTER 4

小宅空間實例

TINY SPACE

01

空間實例

開放格局引入日光
點亮狹長空間

空間設計暨圖片提供｜璞沃空間設計　文｜陳佳歆

HOME DATA ► 坪數：20 坪｜屋況：老屋｜家庭成員：1 大人

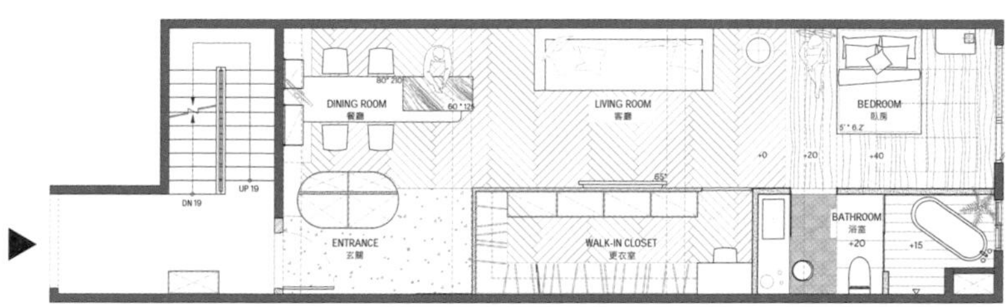

變換地坪材質打造小空間層次

狹長老屋利用開放空間解決採光不良、空間格局難以配置的問題，並藉由地坪材質的變化界定區域，創造出豐富的視覺層次。

透天老宅改造的住宅，分別將家人的起居空間配置在不同樓層，由於客廳和餐廳已經獨立出來，因此居住空間可以隨女兒自己喜好規劃。空間以套房的概念來構思，加上狹長形老宅只有單面採光，因此公私領域不需要以實牆劃分的太明確，僅利用地坪材質及高低落差來界定區域，陽光因此也可以穿透整個空間。

空間裡將睡床配置在臨窗位置，讓睡眠的感受更為愜意，除了此之外，屋主希望有一個能和朋友聊天小聚的公領域，於是在公領域選擇置入中島餐桌，不但兼具用餐機能，同時也能做為工作區使用。空間收納設計除了進門處橢圓形的收納櫃提供大容量收納功能，另外規劃獨立的更衣間，開放式展示層架主要擺放屋主的玩具收藏，並運用間接燈光打出層次，讓牆面成為狹長空間的主要端景。

· **開放設計引入光線照亮長形空間**

由於客廳和餐廳規劃在其他樓層，整體空間以起居室的概念來規劃，全開放式的設計使單面採光能完全透入，使小空間感覺更爲明亮。

· **變化高低與材質打造主臥無牆隔間**

配置在窗邊的主臥利用高低落差來介定區域，深色木材質帶來溫暖且安穩的睡眠氛圍，並且捨棄床框降低睡床高度開展小空間的視野。

· **複合造型層架兼具展示與收納**

開放式展示層架可擺放屋主收藏的玩具及各式展示品，間接燈光設計烘托出牆面造型的立體感，下方特別設計抽屜方便收整零碎小物。

02

空間實例

拆除一房，微調隔牆，扭轉窄小格局

空間設計暨圖片提供｜溫溫空間設計　文｜ eva

HOME DATA ▸ 坪數：20 坪｜屋況：新成屋｜家庭成員：2 大人

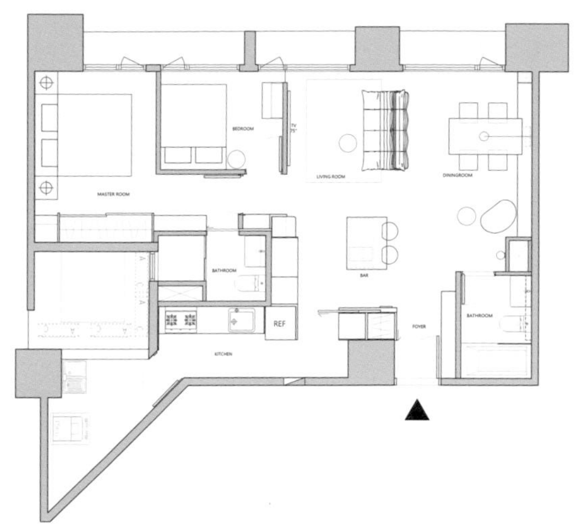

增設中島，打造簡易西廚

封閉廚房向外挪移，在餐廳安排中島，沿牆嵌入置頂高櫃擴增收納，中島內嵌電磁爐，再搭配烤箱，就能簡單料理輕食，檯面加寬設計，做完飯也能順勢坐下用餐，整體一氣呵成。轉角開放櫃下方巧妙隱藏電視機櫃，完善視聽功能。

這間 20 坪的新成屋，空間小卻擠進三房格局，使得玄關、客廳、餐廳被壓縮，臥室面積也太小，整體擁擠閉塞，還有著公私領域難以界定的問題。在只有夫妻兩人居住，無需太多房間的情況下，決定將三房改為兩房，拆除主臥釋放給客廳、餐廳，空間變得開闊，也多了雙倍採光。原有主衛則改為客衛，透過隱形門設計避開用餐的尷尬視線。

考量到屋主有在家工作的需求，餐廳矮櫃內部增設插座，餐桌也能兼做辦公使用。原本封閉的廚房又小又擁擠，將廚房擴大外移，就有空間納入冰箱與電器櫃，外側並增設中島，同時利用玻璃拉門區隔，形成內外雙廚的設計，有效阻隔油煙，也多了能悠閒放鬆的吧檯。主臥與次臥則挪動隔牆，微調空間比例，原先窄小的主臥納入衛浴，次臥也放得下床鋪與衣櫃，擁有充足機能的同時，空間更有餘裕。

· **拆除一房，客餐廳更開闊**

爲了爭取更多使用空間，拆除原有主臥，改爲餐廳，與客廳、廚房相連，形成開闊明亮的公共領域，牆面到天花鋪陳奶茶色系，形塑柔和氛圍爲空間注入暖意。

· **微調主臥，完善臥室機能**

將一房次臥改爲主臥，隔牆與入口往外挪移擴大，原本床尾僅有 30 公分的廊道拓增爲 50 公分，行走順暢不窄小，同時也納入衛浴，完善主臥獨立洗浴機能。沿牆則設置梳妝台、衣櫃，確保充足收納。

03

空間實例

螺旋樓梯核心
串起生活律動

空間設計暨圖片提供｜掘覺設計　文｜陳佳歆

HOME DATA ▸ 坪數：20 坪｜屋況：老屋｜家庭成員：2 大人＋ 2 小孩

適切配置收納讓空間有條不紊

從居住需求規劃適切的空間收納，隱藏在樓梯下方的櫃體能收納大型物件，電視櫃和牆面櫃方便收整客廳零碎小物，保持空間整潔更加輕鬆就手。

小家庭一家四口搬進20坪的夾層小宅，空間雖然不大，但仍希望滿足各自對生活的期待，媽媽在意入口大門對窗的風水，爸爸想在家有健身運動的地方，空間裡還要塞進女兒的一架鋼琴，還好原本空間格局已經接近需求，只需增加收納，並打造出明亮的空間風格。

空間分爲上、中、下三層，中間爲家人活動的公領域，整體從中心位置的樓梯開始發想，原本直上直下的樓梯改爲螺旋造型，弧形扶手有如線譜，階梯就像琴鍵，呼應家裡繚繞的琴聲，改造後的樓梯下方打造了一間儲藏室，而第一階樓梯則延伸爲電視櫃並增加收納抽屜。入口玄關在衣帽鞋櫃之間還留出穿鞋位置，並在與客廳之間加上拉門化解穿堂煞的問題，直對的內陽台成爲一個半休閒區域，讓爸爸可以在這裡一邊騎飛輪一邊享受窗外景色。樓梯往上層規劃爲琴房及主臥，下層就是兩個小朋友的房間，巧思的規劃使整體空間在既有格局裡調整出最適切的生活狀態。

· **拉門解決穿堂煞同時讓光線穿透**

屋主特別在意空間風水問題，由於大門直對窗戶因此在玄關設計拉門來化解，門上局部鏤空利用霧玻璃讓光線透入，即使關起門來玄關也不會太昏暗。

· **光線收納都齊備，創造多功能餐廳**

鄰近餐廳的牆面位置設計置物櫃、吊櫃和層板多種收納，滿足碗盤刀叉等餐具收整需求，檯面擺放小家電使用起來也方便，雙吊燈配置提升明亮度，讓全家都能這裡閱讀、聊天。

· **玻璃拉門輕巧劃分內外區域**

陽台雖然是外推的室內空間，仍然打造玻璃拉門保持空間獨立性，使整個空間的採光不會被阻擋，銜接內外的臥榻設計則能增加空間的輕鬆氛圍。

04
空間實例

拱門＋弧形元素，16 坪小家時尚有型

空間設計暨圖片提供｜知域設計　文｜ eva

HOME DATA ▸ 坪數：16 坪｜屋況：新屋｜家庭成員：2 大人

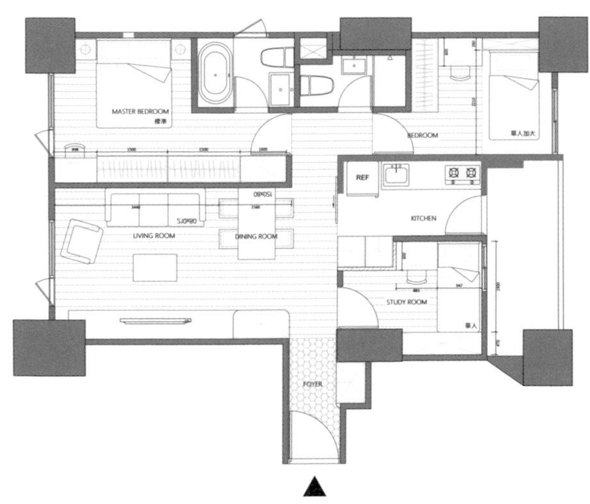

巧用色彩與線條，空間更柔和

客廳鋪陳大地色系，爲空間注入柔和舒服的氣息，沙發背牆採用粗獷手感的特殊塗料，增添層次變化。書房和廚房則以拱門拉長空間高度，天花大樑也輔以曲線，整體透過色彩與線條柔化空間視覺。

這間 16 坪的空間，屋主爲一對年輕夫妻，考量到未來可能會有小孩，以及在家辦公的需求，維持原有三房格局，保有活用空間的潛力。客廳以大地色爲基礎，奠定溫柔舒適的空間氛圍，電視牆以開放層板和置頂高櫃滿足收納，櫃體轉角特意鏤空做置物平台，方便一進門收納手邊小物。

由於廚房相對狹小，一字型配置僅能放下冰箱、瓦斯爐，沒有多餘收納空間，因此挪用相鄰的書房，將牆面後退嵌入櫃體，有效擴增電器收納。同時櫃體採用雙面設計，一側面向客廳，打造簡易茶水區。善用樓高 3 米優勢，廚房、書房改以拱門造型，試圖將視覺向上延展，上方大樑也順勢以弧形修飾，爲空間增添柔和變化。主臥安排半牆，燈具、插座重新調整到伸手可及的位置，次臥則在床頭增設上下櫃，完善收納機能。

· **書房隔牆後退，嵌入雙面櫃**

書房無需太多的空間需求，將牆面後退，挪用部分面積給廚房，嵌入雙面櫃設計，在餐廳也能兼做茶水區使用。廚房以長虹玻璃拉門區隔，透光不透視，有助遮掩視線，也爲廚房引入採光。

· **微調主臥水電，充實收納機能**

原始主臥水電位置不佳，特意在床頭增設半牆，巧妙隱藏並微調燈具、插座位置，方便伸手就能使用，同時鋪陳深色，增添沉穩氛圍。床尾則安排高櫃銜接梳妝台，收納、梳化機能更充裕。

· **安排充足櫃體，爭取使用坪效**

在不更動次臥格局的情況下，運用高櫃充足收納，一旁的衣櫃中央鏤空，延伸出書桌功能，以便未來使用。櫃體下方則改以布紋修飾，透過材質變化，增添視覺層次。至於床頭則設置上下櫃，不僅方便置物，也多了局部光源的補充。

· **置頂高櫃，擴增收納機能**

爲了在不大的客廳中增添充裕收納，轉角採用置頂高櫃，中央鏤空平台則能補充玄關置物機能。櫃體下方刻意改以水磨石貼皮，點綴空間的同時，也能具備耐髒好清潔特質。一旁電視牆沿著柱體嵌入層板，巧妙弱化沉重柱體。

05

空間實例

弧線改變的不止是牆，更圓融生活

空間設計暨圖片提供｜涅涅空間設計　文｜ Fran Cheng

HOME DATA ▶ 坪數：17 坪｜屋況：毛胚屋｜家庭成員：2 大人

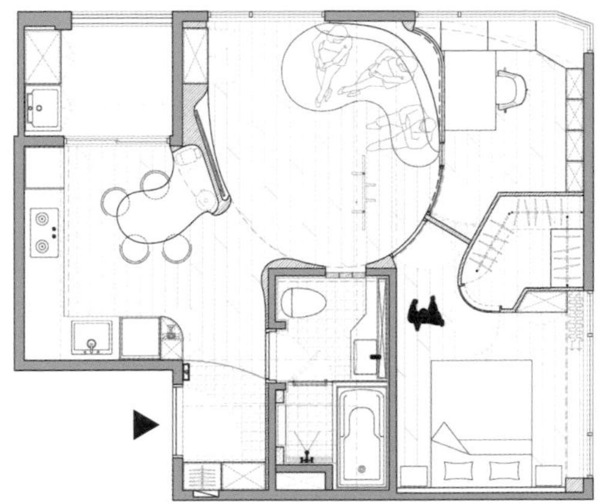

一牆三用滿足客、餐廳與收納需求

將廚房與客廳間的隔間牆加厚並打造成圓弧造型，利用弧線大於直線的幾何原理，讓電視牆、餐桌靠牆以及櫃體都有了增加面寬與增量的變化，也讓小宅添加柔和與設計精采度。

屋主雖是第一次委請湜湜空間設計規劃房子，但基於對設計師的信任與欣賞，給予極大發揮空間，也才有了將方正格局做成圓弧起居的可能性。對於新屋，夫妻倆最大要求是有影音娛樂廳、四人座餐區及書房，但考量 17 坪室內扣除客廳、餐廚、主臥等必要格局外，所剩空間實在難以滿足所有期待，因此決定打破傳統思考，先以懸臂式結構在廚房建構四人餐桌，其背面則做爲客廳壁掛電視牆，並運用弧線取代直線來延長餐桌與電視牆面寬，再將牆面延伸向窗邊設計成收納櫃，形成一牆三用的完美設計。

客廳與書房間同樣採取弧形背牆做隔間，玻璃弧形牆搭配海灣型沙發可化解背牆過短的問題，而玻璃透光感則讓小書房與客廳都有鬆綁放寬的感受，也成功爲室內引入自然採光。

・白色電視牆櫃兼具美型與機能

客廳電視牆捨棄方正直線的設計，改以弧線造型來延長牆面面寬，同時也可讓鄰接的收納牆櫃加深厚度，搭配電視牆上下門櫃設計，讓公共區域的集中式收納可以增量。

・弧線電視牆後接懸臂式餐桌

與廚房合併規劃的餐廳，選擇在電視櫃後方設計一座懸臂式餐桌，並且利用弧形牆加長面寬好打造出四人餐桌，讓親友造訪時也能寬鬆入座。

・弧型牆讓大沙發優雅入主小客廳

客廳弧線背牆既能呼應電視牆的弧線造型，同時也解決沙發背牆過短的問題，讓客廳順利放入三人座海灣型沙發，同時玻璃隔間則轉移了小空間的壓迫感，客廳與書房也可同時被放大。

・小宅因弧形線條變圓融、好用

整個客廳從牆面到天花板，改用弧型線條取代簡約直線的設計，不僅可增加牆面寬度，也減少生硬直角產生的畸零格局，讓每個空間都被利用到。

06

空間實例

遇見香格里拉．20 坪小室寬心住

空間設計暨圖片提供｜大見室所設計工作室設計　文｜ Fran Cheng

HOME DATA ► 坪數：20 坪｜屋況：毛胚屋｜家庭成員：2 大人

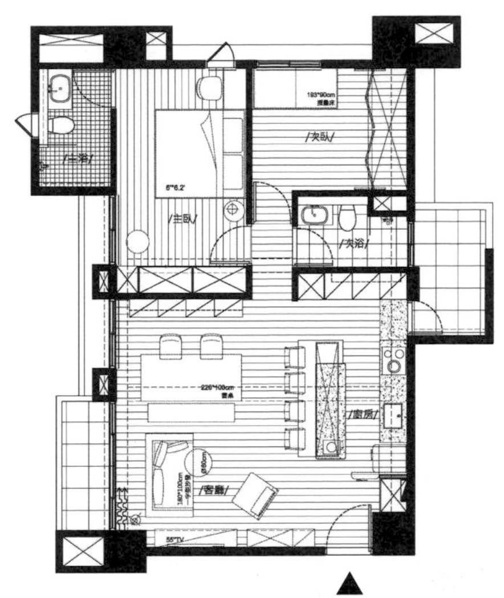

純白硬體與木皮軟裝完美混搭

純白硬體空間與木質、皮革等深褐色調軟件形成對比又和諧的對話，如同輕工業線條與現代家具造型完美混搭，拿捏剛好的冷靜與溫暖氛圍，承載著屋主二人的生活軌跡。

因爲想給現階段自己最合身的住居，屋主選擇打破窠臼、從零開始，以毛胚屋狀態建構兩人心中的香格里拉。爲滿足屋主對料理的熱愛，先將廚房作開放式設計，且在不移動廚房進出水路的前提下，把原廚房位置轉個方向移位至客廳，不僅放大廚房，也讓兩人的日常互動頻率增多。

客廳因爲不放電視，使家具擺設不再拘泥於傳統電視牆的方向性限制，而能將沙發、多功能餐桌與吧檯作內聚式的ㄇ字型擺設，這樣一來不管待在哪邊休息、工作或閱讀，都能輕鬆與另一半面對面相處；遇訪客較多時也不用硬擠在某一區，因爲室內各處都可坐下盡興聊天，讓二十坪小宅能夠住出：『一人在家可以安靜閱讀，倆人在家就好好相處，一群朋友在家也能愜意對話的香格里拉。』

· 少了電視，家人互動無隔閡

客廳因不放置電視，不只少了牆面阻隔，也讓家具擺設更爲自由，除了將沙發面向廚房吧檯，側邊的餐桌也選擇用長凳取代餐椅，降低餐椅背的隔閡，更能順利轉身作爲客廳座區。

· 暖色調混搭工業風硬體空間

由於家庭成員簡單，選擇以開門見山的格局，搭配輕工業基因的混搭風格，透過白色硬體格局與裸露管線的天花板爲基調，放入溫暖木質與皮革家具等軟裝，打造不羈卻舒適的小天堂。

· 自在而不拘泥的慢活格局

以屋主兩人的生活步調爲主軸重新定義居家設計，不拘泥於客廳、書房、餐廳、廚房各自爲政的格局，每個區域都可閱讀、工作、用餐，無論一人獨處或兩人生活都舒適，實現屋主心中的香格里拉世界。

· 臥室採沉穩灰色的溫暖調性

以寧靜作爲臥室設計主題，運用大量天然塗料與沉穩灰色調，鋪陳出略帶神秘感與儀式感的溫暖場域，刻意將收納與其它機能設計拉到一定距離外，讓臥室功能更純粹無干擾。

07

空間實例

灰白與弧線．
勾勒出離塵放飛好宅

空間設計暨圖片提供｜思謬空間設計　文｜ Fran Cheng

HOME DATA ► 坪數：17 坪｜屋況：新成屋｜家庭成員：1 大人

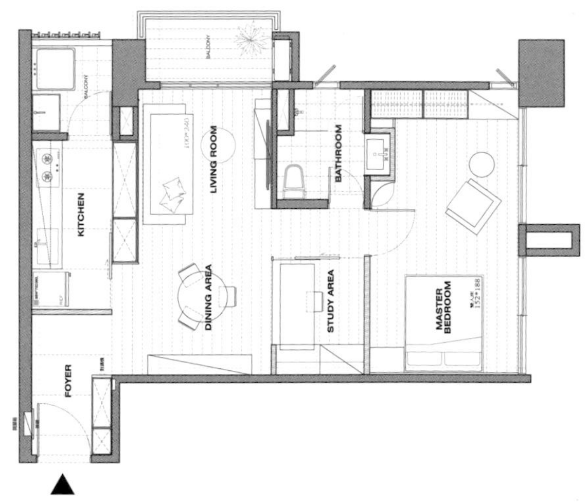

夢幻感元素打造脫俗療癒宅

這是從事科技業的屋主，平日工作壓力繁重，因此，在這棟提供屋主充電再出發的單身住宅，集結了玻璃清透、鏡面輕奢以及白灰色調的夢幻感元素，既能放寬空間感，也有助於營造出脫俗而紓壓的療癒感小宅。

平日與家人居住市中心的屋主，爲了想要離塵放空，因而選擇在近郊處買下這棟單身小宅來收容偶爾想獨處的心。由於並非天天居住，所以決定以飯店式住宅爲主軸，降低收納類的機能性設計，好讓空間更輕鬆、餘裕。

在格局部分先將原本雙衛浴改爲一衛一房，並以玻璃隔間界定出半開放書房，滿足屋主期待的放空閱讀空間。至於公共區則將客、餐廳合併來放大空間感，考量屋主前來居住時會有料理需求，因此也保留廚房格局與設備，並以玻璃拉門搭配牆櫃做出區隔，讓生活機能更符合需求。在空間色調上，選擇以白、灰色系板材併搭長虹玻璃與清玻璃，構築出清淺無壓力的通透空間，而牆柱弧線與玻璃直線則適度地爲空間增加細節，讓輕薄淡雅的畫面展現細膩設計感。

· **低反光鏡牆添入微奢氛圍**

爲滿足屋主料理需求，除先保留玄關位置外，運用白色鏡門隔間櫃與玻璃拉門界定廚房，也爲客廳打造出一面低反射的質感白牆，搭配圓燈與休閒單椅凸顯微奢柔和氛圍。

· **完美比例的灰白配色電視牆**

以不及半高的灰色系統搭配白牆與木質檯面，營造出完美比例的電視牆，讓幅寬不大的牆面顯得從容自在，同時上半部的白牆也凸顯超過 3 米屋高的格局優勢。

· **兼具輕透與簡潔的好感書房**

以清玻璃與長虹玻璃拼接設計，兼顧了玻璃書房的輕透與畫面簡潔性，同時與廚房拉門形成呼應，當然對於整體空間的層次與流暢感也很有幫助，讓原本簡白的空間更明快優雅。

· **弧線＋懸空櫃打造脫俗輕盈感**

在臥室與客餐廳之間安插一處可思考、閱讀與放空的書房，並且運用柔和弧線來銜接牆柱，搭配懸空的白色餐櫃、圓弧餐桌椅等設計，讓空間既輕盈又脫俗。

08

空間實例

環繞動線化解侷促，生活不受限坪數

空間設計暨圖片提供｜森叄設計　文｜喃喃

HOME DATA ▸ 坪數：20 坪｜屋況：新成屋｜家庭成員：2 大人＋1小孩

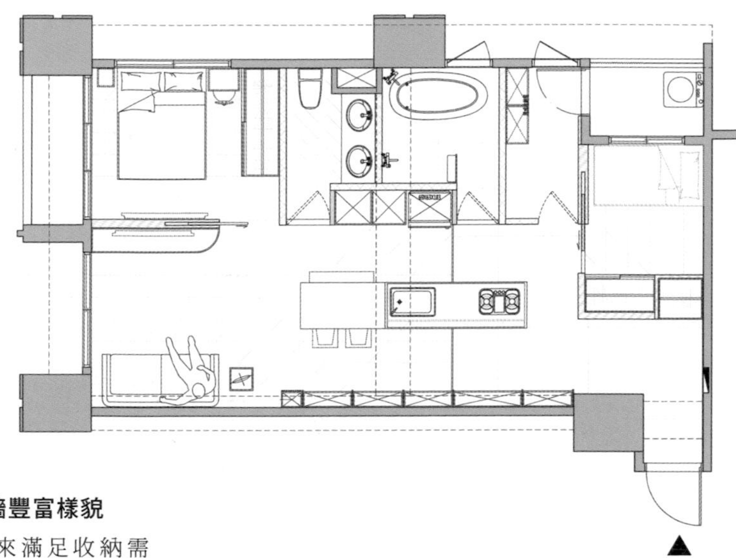

巧妙混搭展現櫃牆豐富樣貌

規劃整面櫃牆，來滿足收納需求，除了結合開放與封閉式收納，並利用材質混搭，來展現櫃牆豐富樣貌，在滿足實用需求的同時，也成爲空間一大亮點。

屋主夫婦倆喜歡在家一起料理下廚，因此空間規劃便以廚房做爲重心，一進門不是常見的客廳，而是一個足以提供兩人一起下廚做菜的中島料理吧檯，吧檯刻意規劃在空間中心位置，如此一來，便可完整利用兩側牆面來收整料理時會使用到的家電、餐具、酒等大量物品，滿足收納需求的同時，圍繞著吧檯設計的行走動線，也更顯靈活、順暢，就算有客人來訪，也不會因爲空間窄小而感到侷促。

小空間不適合再以隔牆劃分場域，因此公領域採開放式格局規劃，僅利用地板相異材質及家具來做出隱性空間分界，坪數偏小的客廳，安排在唯一的採光面位置，藉由明亮採光，且將視線向外延伸，來弱化空間狹隘感。屋主生活簡約，因此以灰白色調來型塑空間框架，從中再加入溫潤的木質元素，來提昇空間溫度，營造出放鬆又療癒的生活氛圍。

· 收整立面線條，打造簡約視覺

另一側牆面內推佔用兩間衛浴部分空間，藉此挪出空間做收納，再將衛浴門片改爲內推式暗門，臥房門片則爲推拉門，藉此拉齊立面線條，製造出乾淨俐落的視覺效果。

· 加入弧線軟化銳利直角線條

材質的使用盡量簡化，僅以木素材、仿水泥特殊塗料等較爲自然的材質，來架構一個極簡又具溫度的居家空間，並刻意在天花、牆面、家具等地方加入弧型線條，豐富視覺的同時也達到柔化空間目的。

· 隱形分界保留空間開闊感

小坪數不宜再以隔牆劃分空間，因此利用地板相異材質劃分出客廳、廚房與玄關，考量不同場域使用特性，玄關和廚房採用利於清潔的磁磚，客廳則以人字拼木地板，爲空間注入溫度與無壓感。

· 間接光源達成打亮與柔化空間目的

在採光不易的玄關區天花，規劃間接燈光，光線可藉由鏡子與不鏽鋼材質面板的反光特性，將光線均勻灑落在玄關區域，不只有打亮空間效果，也能營造出迎接回家的溫馨氛圍。

09
空間實例

兩道櫃牆滿足收納，爭取空間坪效

空間設計暨圖片提供｜樂湁設計　文｜ Celine

HOME DATA ► 坪數：10 坪｜屋況：老屋｜家庭成員：1大人

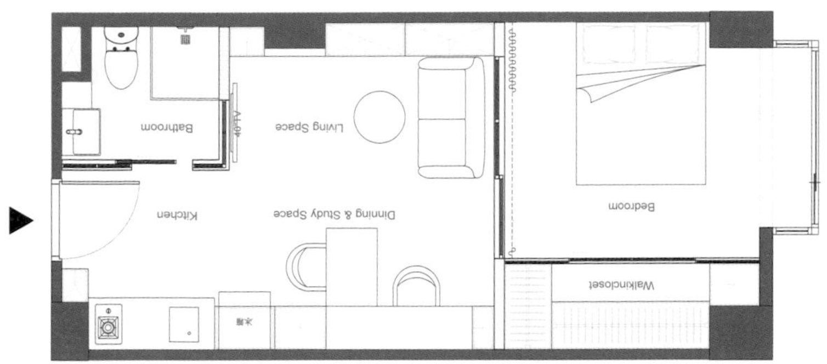

公私領域以玻璃隔間，通透明亮

一房格局的小宅空間，利用穿透玻璃爲隔間，有助於光線穿梭，整體明亮、通透，空間感也會變得更寬闊。

10 坪一房的居住空間，屬於狹長屋型結構，改造重點除了扭轉小宅空間感受，營造明亮開闊，同時還要滿足不同場域所需的收納、儲物機能。對此，小宅的衛浴、主臥室與更衣室隔間皆採用玻璃材質，爭取寬闊視野之餘，更能讓光線自由穿梭其間。不僅如此，設計師更捨棄電視主牆，將電視整合於浴室玻璃隔間上，徹底發揮小宅坪效。

而看似簡約俐落的設計之中，其實隱藏豐富的收納，包含沙發一側的立面櫃牆，兼具收整結構柱體作用，鐵件、木質基調回應業主對於工業風格的喜愛：餐廳區域同時作爲開放書房，移動式桌面可彈性收入牆面內，一方面利用此道牆面創造書櫃、電器櫃機能，爲小宅帶來最大化的收納。

· **收納櫃牆消弭結構柱**

溫潤木質與鐵件打造而成的櫃牆，以封閉門片、開放形式提供各種儲物與陳列需求，並透過線條分割豐富立面設計，而櫃牆內其實更隱藏柱體，一併消弭畸零結構。

· **複合玻璃隔間，發揮小宅坪效**

狹長小宅空間，主臥、衛浴選用玻璃材質作隔間，不但可以放大坪數、營造通透感，還能增加室內採光，一方面也利用隔間整合電視牆機能，同時將管線收整於鐵件結構內，創造清爽視覺。

· **機能櫃牆隱藏電器收納與餐桌**

小坪數必須善用每一寸空間，利用廚房牆面衍生冰箱、電器櫃與書櫃機能，搭配活動式桌板設計，可彈性收拉作爲餐桌機能，讓小宅也能有完整的餐廳。

· **灰玻拉門通透且遮擋凌亂**

臥房規劃獨立更衣室，搭配灰玻璃拉門隔間，保有視線通透延伸之餘，亦可適時遮擋凌亂，也維持光線的流動。

10

空間實例

重劃格局拓展視野，串起舒適採光

空間設計暨圖片提供｜十一日晴空間設計　文｜ Celine

HOME DATA ► 坪數：20 坪｜屋況：中古屋｜家庭成員：2 大人

二十五年中古華廈住宅，因建築棟距較窄，導致室內陰暗，浴室成暗間，加上原始一字型廚房略爲狹小，四房格局產生閒置過渡空間，對於僅有兩人的家來說必須得重新調整，同時滿足男女主人各自專注喜歡的事物上，如手沖咖啡與茶道。格局上將廚房隔間往客廳稍微挪移，擴大空間感，搭配日系廚具滿足收納機能；玄關入口右側則利用結構柱體深度發展出儲藏櫃、鞋櫃、展示層板與餐櫃，補充小家電置物功能之外，也讓咖啡沖煮器具、茶具陳列成爲家的風景。

採光部分藉由不同形式的玻璃隔間、拉門以及隔間牆局部開設玻璃開口等作法，穿透手法引進光線，提高明亮度。如廚房選用清玻璃與格子玻璃做成左右滑動拉門，格子玻璃亦可稍微遮擋抽油煙機，客浴加入格柵語彙、霧玻璃，引入採光更回應屋主對於日式氛圍的喜愛。

· 通透隔間挹注明亮光線

半通透玻璃廚房隔間，增加室內採光明亮度，並依照生活動線規劃符合的收納，改善原本狹隘陰暗的屋況。

· 多樣化櫃體設計，擴充小宅收納

餐廳右側利用柱體深度規劃完善的機能櫃，包含大型儲藏櫃與鞋櫃，轉角處改以開放層架形式，搭配平台設計，可隨手拿取沖煮器具，也擴充家電的收納。

· 玻璃隔間創造通透視覺效果

廚房擴大且採用玻璃作爲隔間，創造視覺通透與延伸性，格子玻璃隱約可遮擋抽油煙機，同時搭配具有強大收納功能的日系廚具，提升坪效。

11

空間實例

巧用多功能家具，
19 坪老屋爭取最大使用空間

空間設計暨圖片提供｜溫溫空間設計　文｜eva

HOME DATA ► 坪數：19 坪｜屋況：老屋｜家庭成員：2 大人＋1小孩

一家四口住進二十多年的老公寓，由於有三房需求，加上原屋客廳、餐廳牆面爲承重牆，在無法大幅調動格局情況下，需在公共空間爭取琴房、運動與用餐機能。因此先在入門角落藏入鋼琴，也能藏起電箱遮掩，運用白色折疊門設計，不僅收折起來不佔位，也維持開闊的練琴空間。順應琴室深度，在另一側規劃儲藏室，有效擴增收納的同時，形塑餐廳完整立面。

餐廳採用多功能餐桌，可上下掀翻嵌入木質牆面，並搭配軌道藏入儲藏室，就多了運動空間可用，能隨時變換用途，空間使用更有彈性。爲了讓全家都睡得舒適，次臥增設上下床設計，女主人與女兒都有充足的睡眠空間，考量男主人在家工作需求，主臥沿牆安排 L 型桌板，日式坐榻設計，方便隨時席地而坐。

· 兼具收納、用餐與運動，用途超多元

巧用餐廳空間嵌入琴室與儲藏室，分別運用折門與巴士門，即便同時開啓，門片也互不干擾。一側則運用上下掀翻的多功能餐桌，能隨時收起藏入儲藏室，立即變換成用餐或運動空間。同時沿牆嵌入鐵件層板，並一路延伸至儲藏室，擴增收納功能。

· 廊道凹出電器櫃，擴增廚房機能

原先一字型廚房空間狹小，僅放得下冰箱與窄小檯面，爲了滿足設備需求，將廚房對側牆面內推嵌入電器櫃，有效擴充廚房機能，提升料理效率。

· 雙層床設計，榨取空間坪效

考量臥室較小，且女主人與女兒同住，次臥採上下雙層床設計，上方離天花 70 公分，下層則離地 150 公分，保持坐起不撞頭的高度，樓梯結合開放櫃，減少樓梯佔用面積，也多了收納可用。

12

空間實例

串聯每面窗景，好讓自然延伸入室

空間設計暨圖片提供｜大見室所設計工作室　文｜ Fran Cheng

HOME DATA ▶ 坪數：20 坪｜屋況：中古屋｜家庭成員：1 大人

身爲插畫家的屋主因居家工作時間較長，對未來居家更重視，所以買下七年中古屋後，除了預做功課，並事先與設計師討論長達半年才開始動工。在實地勘查後發現現場採光與景觀雖然很好，但原本三房二廳格局卻無法讓自然景色完全映入室內。所以建議拆除一間房來規劃爲開放的工作室，並且融入開放的客、餐廳與廚房，形成更寬敞且與自然山景連結的工作室與攝影棚，擺脫原本 3 坪大小的工作環境，也讓屋主住起來更自在、愜意。

除了打開格局外，室內以白色作爲基底，混搭木質、水磨石與礦物塗料的自然建材，盡可能讓室內採低限度設計，以利於讓戶外風景與室內連成一氣，甚至延伸進生活中，最後再點綴以屋主自己的獨特生活選品，形成屋主獨有的美學居家。

· **開放工作室鬆綁了生活格局**

對於居家工作者來說，能有個寬敞且有自然山景的工作室是最幸福的事情，所以決定將原本小房間隔間拆掉融入公領域，不僅讓客餐區都變成工作室腹地，室內整體採光與景色都同步再升級。

· **輕薄精緻軟件用品展現品味**

透過客廳、餐廚區與工作室的整合規劃，不僅讓小客廳更舒適，由屋主親自挑選的畫架式電視、輕薄款開架展示收納櫃、書桌等家用選品，讓二十坪小宅更顯寬綽、精緻。

· **低調建材拉近室內外距離**

以白色爲基底，搭配木質、水磨石、礦物塗料等自然素材作爲內裝元素，打造低調而優雅的生活質感，而開放廚房改善原本無法擺放家電問題，也拉近料理的工作動線。

13

空間實例

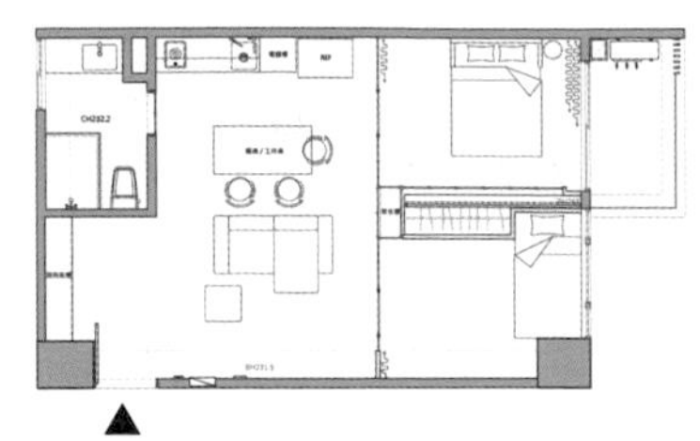

輕量化隔間·圍塑微醺玻璃盒子屋

空間設計暨圖片提供｜湜湜空間設計　文｜Fran Cheng

HOME DATA ▶ 坪數：14 坪｜屋況：新成屋｜家庭成員：2 大人

14 坪小宅最大問題就是只有單面採光，因此，設計上決定採用金屬鐵件搭配方格玻璃來做隔間，在公私領域之間打造輕量化的透光牆，讓小宅還是能住出開闊視野。經溝通了解姊弟倆感情融洽，日常生活可以有較高程度的分享與交流，故選用方格玻璃與鐵件框架做隔間牆，不僅讓空間在透光外仍具有一定程度的隱私，且客、餐廳在白天也能享有自然光影的變化。不過，考量倆人生活作息不盡相同，仍需有各自休息生活與私我空間，所以也可搭配布幔來因應格局的隱私需求。

至於客廳與餐廳的設計則是與屋主討論後，決定在牆面上採用綠灰漆色為基調，搭配裸露天花板與金屬管線的不羈線條，和深色家具以及魚型吊燈凸顯趣味感，也營造出帶有金屬感、慵懶不羈的空間調性。

· **白天開闊、夜晚迷濛的玻璃隔間屋**

以鐵件玻璃牆做為公私領域之間的隔間，不僅解決公領域無採光問題，讓白天也能有光影變化，在夜晚搭配燈光暈染下，空間像是被包覆在玻璃盒子中，醞釀出微醺的迷濛氛圍。

· **綠灰與黑色主調呼應陽剛建材**

屋主本來就屬意相對陽剛的空間氛圍，因此除了大量選用金屬鐵件與玻璃等建材外，空間與家具色彩也配合以灰綠、黑色為主調，恰可與餐桌上帶有紅色的吊燈形成明顯對比，讓空間增添情趣。

· **穿透隔間搭配布幔強化隱私性**

選擇具有暈染感的方格玻璃做為隔間，可間接引入自然光，在需要強化隱私時搭配布幔來做遮掩，另外，在玻璃隔間牆的沙發側邊以內縮設計置入茶水櫃與置物功能，讓生活機能更完滿。

14
空間實例

善用垂直高度
打造多層次生活空間

空間設計暨圖片提供｜質覺制作　文｜陳佳歆

HOME DATA ▶ 坪數：13 坪｜屋況：新成屋｜家庭成員：2 大人

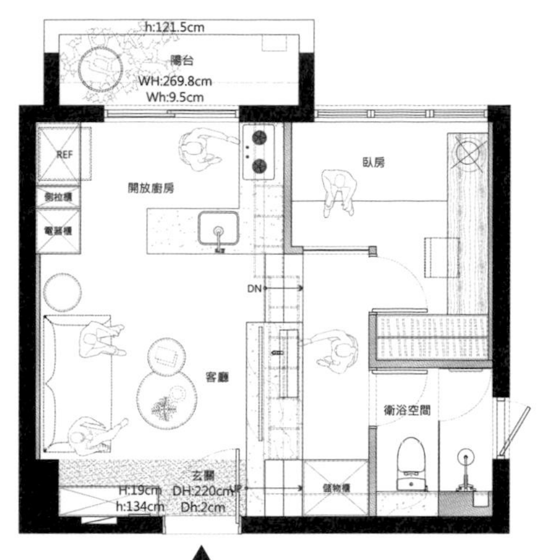

精算空間高度空間分層使用

原始空間有降板設計加上挑高天花，因此有足夠的垂直空間可利用，經過仔細計算高度後公共空間不做天花板保留高度，將空間分成三個主要活動區域，每個空間都能舒服站立。

小坪數空間只有 13 坪，但屋主除了需要主臥和小孩房之外，還有不少東西需要收納，還好空間不只挑高還加上降板的設計，在仔細精算高度後將空間垂直分爲公領域、主臥及小孩房三個區域，並且運用交集空間的概念讓空間使用更爲靈活。

進門就可以看到由鐵件架構的白色框架爲核心，在不同空間扮演不同功能，框架向上延伸作爲展示架擺放屋主的旅遊蒐藏也作爲樓梯扶手，面向客廳的部分則爲電視牆，另一面則爲衛浴的鏡櫃。同時藉由樓層落差將電視櫃機能延伸爲洗手台面，這裡也是銜接樓層的第一階樓梯，通往主臥的路徑上設計的大面書牆，能綽綽有餘地收整屋主的大量藏書，主臥給予舒適的休憩氛圍，步入式衣帽間透過收納規劃能輕鬆收納夫妻倆人的衣鞋，透過設計將功能整合交集在小坪數裡，創造剛剛好的生活空間。

· 方格鐵架串連空間機能

由鐵件烤漆打造的方格層架在空間呈現細緻線條，成爲空間的視覺主軸，並有多重使用功能，是樓梯扶手也是電視牆，特別設計可移動式的網板，讓屋主能隨時調整擺放物品的位置。

· 巧用降板空間打造機能收納

利用原始空間的挑高條件往上延伸出主臥，往下的降板空間規劃爲衛浴及小孩房，樓梯下方空間也沒浪費，隱藏著儲藏空間足以收放大形行李箱。

· 挪移方寸小主臥也能有獨立衣帽間

規劃在上方樓層的書牆，讓愛看書的屋主方便隨手找本睡前書，書櫃後方就是衣帽間，不僅有充足的收納也使小小的寢臥機能更爲完善。

15

空間實例

透過細膩微調，提昇小宅生活機能

空間設計暨圖片提供｜森叄設計　文｜喃喃

HOME DATA ▶ 坪數：20 坪｜屋況：新成屋｜家庭成員：2 大人

原始格局問題不大，因此在不大動格局前提下，利用空間微調，來提昇居住舒適度。首先，陽台採光足以滿足公領域光線需求，因此將鄰近玄關的窗戶封起來，藉此獲得一道完整牆面，來規劃成電視牆與收納牆。鄰近衛浴的一房，則根據需求改成實用的多功能房，並以推拉門取代隔牆，且與衛浴隔牆拉齊，讓使用動線變得順暢，而多出來的走道兩端空間不浪費，加以利用做成收納櫃。

整體空間使用大量的白與木質元素，來達到拉闊效果，並增添空間溫潤質感與溫度，同時加入具穿透感的木格柵設計，及具透光性的玻璃材質，藉此引導光線進入空間深處，減少封閉陰暗感。小坪數元素不宜過多，但材質、用色精簡，雖然俐落卻略顯冷調，於是融入弧線造型，讓空間線條更顯圓融柔和，也能成為聚焦亮點。

· 延伸牆面融合收納與風格

從玄關一路延伸至客廳的收納牆，先以弧線造型做出變化，材質則結合白色烤漆門片與木格柵設計，搭配封閉與開放式設計，豐富視覺，同時也能符合不同收納需求。

· 木皮＋弧型語彙，強調柔和溫馨氛圍

以圓弧造型修飾直角，在牆面與門片鋪貼相同的木貼皮，淡化過白的冰冷感，同時也能隱藏門片，形成一道完整的端景牆面，在以白為主的空間裡，成為視覺重心。

· 玻璃材質讓空間更顯通透

多功能房以玻璃拉門取代隔間，除了讓空間更具彈性外，也能順利引進光線，提昇明亮感，拉門中段利用長虹玻璃適度隔絕視覺，兼顧隱私性，上下則採用清玻，製造視覺變化。

16
空間實例

不動格局提升小宅機能，配色軟裝讓風格更完整

空間設計暨圖片提供｜初白設計　文｜ Celine

HOME DATA ► 坪數：18 坪｜屋況：新成屋｜家庭成員：2 大人

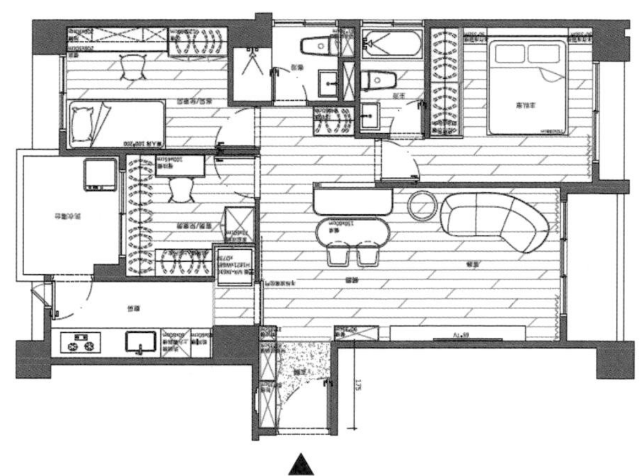

柔和色調譜寫法式優雅氛圍

整體空間以柔和的色調鋪陳，並運用調性一致的家具軟裝搭配，結合復古人字拼地板，營造出溫柔優雅的法式氛圍。

預算有限的屋主，通常會選擇買新成屋，然而建商配置的格局卻偏偏不盡人意，以這戶三房二廳 18 坪房子來說，原有格局並沒有完整的一道牆面能配置餐廳，導致公領域動線侷促，然而設計師卻在不動格局的前提下，利用客廳牆面的延伸設計，重新梳理客餐廳動線之外，這道立面也同時整合收納、餐椅等用途，賦予小宅豐富的生活機能。

不僅如此，兩間衛浴所形成的畸零 L 型角落，妥善配置汙衣櫃量體，讓屋主能懸掛、放置待洗衣物；玄關則利用結構柱體牆面發展開放式書架，而客廳改爲搭配矮櫃與層架設計，兼具實用性也形塑角落端景氛圍。整體色調以柔和溫暖配色爲主，結合弧形線條與家具軟裝譜寫優雅的法式風格。

· 延伸牆面創造實用機能

藉由沙發背牆延伸的立面設計，巧妙為小空間創造出餐廳場域，提升公領域實用機能，訂製餐椅底部同時也能收納。

· 替換門扇顏色融入整體風格

房間門扇換上柔和的米黃色調，讓整體氛圍更為完整，廚房拉門局部搭配玻璃材質，讓光線可穿透入內。玄關場域利用結構牆面打造開放層架，為小宅創造更多收納空間。

· 弧形語彙修飾大樑

主臥房床頭延伸一道弧形造型，作為修飾大樑效果，壁面飾以繃布床頭板豐富立面層次且回應法式氛圍，左側則規劃拉門衣櫃，爭取空間利用性。

· 預先規劃機能延長房子使用年限

小孩房現階段作為書房使用，預先採用系統櫃規劃好書桌、書櫃與衣櫃等機能，未來只要加入床鋪就是完整的房間。

17
空間實例

機能設計
創造隨心所欲小空間

空間設計暨圖片提供｜質覺制作　文｜陳佳歆

HOME DATA ► 坪數：13.6 坪｜屋況：新成屋｜家庭成員：2 大人

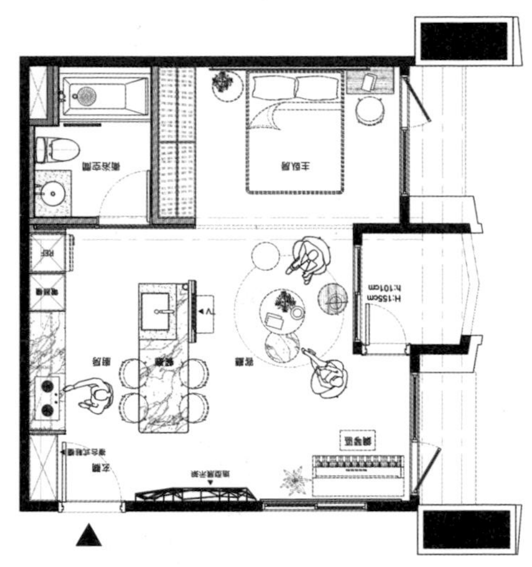

運用顏色落差劃分開放區域

在充足光線的照映下，以米色爲基底的公領域能有無壓的居住感，沉穩色黑色調則配置在內側的開放廚房，創造出空間的深邃度。

女兒長年在外求學，夫妻倆人想爲自己打造一個回家能放鬆的居所，只有兩個人居住的空間不需要隔間劃分，僅運用色彩來作區域介定；空間以米色系爲主體從靠窗的開放區域鋪陳，透過自然光導入使空間能柔和明亮，開放餐廚房採用較沉穩的暗色，兩種顏色的配置調和出寧靜的氛圍。

空間裡作了一些機能性設計，像是旋轉電視架讓屋主在臥房及客廳都能舒服的看電視，以及經過縝密計算的玻璃拉門，不但能完整收於側牆同時方便進出衛浴，這些巧思設計都創造小空間的多樣性，能隨著使用者的生活情境自由調整。空間保留 3 米的屋高優勢，將部分收納往上移，在餐廚房區域的天花上規劃了收納櫃，地坪因此有更充裕的活動場域。對於空間質感有所要求的屋主，所有壁面皆使用特殊塗料取代油漆，創造自然的手抹觸感，小空間的精緻度在細節的堅持下大大提升。

· 極簡設計打造公領域開闊感

簡化客廳設計營造單純俐落的空間視覺，並且置入中島成爲核心，作爲用餐及辦公的複合場域，臨窗留了角落位置擺放鋼琴，特別增加隔音設計避免打擾鄰居。

· 半穿透活動拉門保留光線和隱私

格局方正的空間除了衛浴之外採用開放式格局設計，另外在臥房增加玻璃拉門作機動性的空間區隔，長虹玻璃半穿透性的特質讓光線穿透同時適度給予隱私。

· 收納上移保留更多地坪空間

僅有 13 坪的小空間有著 3 米的屋高優勢，收納設計上除了廚櫃及衣櫃之外，也利用這項優點將部分櫃體規劃在天花板上，可以收納較少用的物品及冬季厚被。

· 從使用情境思考創造小空間多樣性

空裡可以看到機能式的設計，像是臥房的玻璃拉開剛好收整在衛浴入口，特別精算門片尺寸一大一小，讓打開門時不影響衛浴使用，旋轉電視架也能隨使用情境調整方向。

18

空間實例

客廳與主臥對調，11 坪換來開闊日光

空間設計暨圖片提供｜知域設計　文｜ eva

HOME DATA ▸ 坪數：11 坪｜屋況：新屋｜家庭成員：1 大人

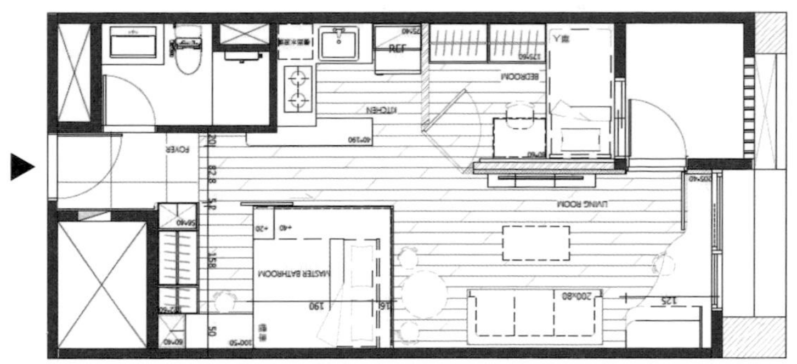

重整格局，客廳更放大開闊

將原本遮擋日光的主臥與客廳對調，大量日光湧入客廳，再搭配純白色系，打亮空間的同時，也形塑開闊視覺。特意沿窗鋪陳濃綠色調，爲淨白空間帶來層次變化，凝結視覺重心。

這間 11 坪的單身宅中，原先兩間臥室沿窗設置，客廳、廚房位於中央，整體採光陰暗，導致空間感也更爲狹小。爲了改善光線與通風，在維持兩房格局的前提下，將主臥與客廳對調，有效引入大量日光，一旁的主臥也改以玻璃區隔，提升整體空間穿透感，放大視覺效果。對調格局後，兩間臥室座落在對角，尖銳直角相對不僅無形擠壓過道空間，也造成視覺壓迫，次臥入口因此改爲斜面設計，藉此擴大廊道，行走更舒適。

原本廚房就不大，放入電器後更沒有多餘的檯面與收納，因此沿著廊道安排 40 公分深的中島，擴增備料空間。中島特意採用雙面櫃，一半面向廚房，能收納備品雜貨，一半面向廊道，開放櫃格設計方便隨時取用，收納更便利多元。主臥內部架高地板，下方也安排收納，床尾則置入梳妝台與高櫃，爭取更多坪效。

· **玻璃隔間，引入通透視覺與採光**

爲了讓光線能深入室內，主臥隔牆部分改以玻璃，有助引入採光，空間視覺也能延展通透，維持放大效果。下方則以實牆區隔，保有睡寢隱私，同時利用架高地板，面向客廳一側安排抽屜，充實收納機能。

· **次臥切斜角，消弭狹小廊道**

主臥與次臥夾角相對，行走不僅容易碰撞，也無形縮小廊道。爲了消弭尖銳直角的視覺，次臥入口切出斜面，有效拓寬廊道，並搭配隱形門的設計，讓立面更簡潔俐落。

· **主臥地板架高，提升坪效**

爲了善用空間，主臥採用架高地板，擴大使用面積，下方也不浪費，搭配抽屜與掀板設計增設收納，方便藏入不常用的冬衣冬被。床尾則嵌入置頂高櫃，納入簡易梳妝台，完善臥室機能。

19

空間實例

無障礙設計安心小宅
給未來生活加分

空間設計暨圖片提供｜璞沃空間設計　文｜陳佳歆

HOME DATA ► 坪數：20 坪｜屋況：老屋｜家庭成員：2 大人

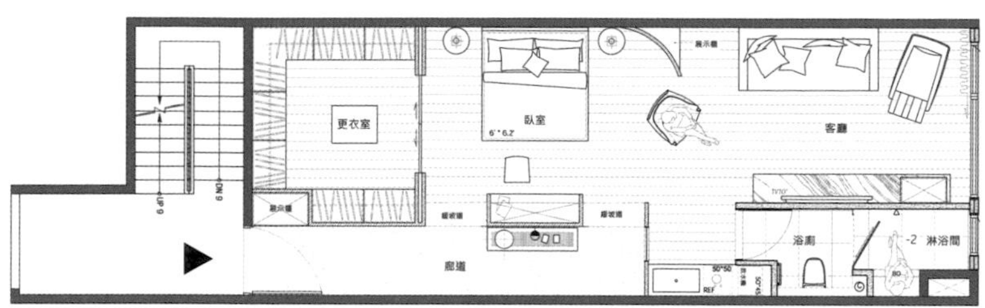

增加坡道加寬動線方便輪椅使用

考量到年長屋主未來的生活狀況，空間加入無障礙設計，在進入空間的雙動線上設計緩坡，同時也給予足夠的走道寬度，都是因應老年可能使用輪椅的狀況。

夫妻倆人住在透天老宅改造的二樓，空間不大，加上狹長形與單面採光的狀況，都使空間規劃上受到限制，因此便從生活習慣與需求來構思最適切的格局。和年輕人不同，屆臨退休的夫妻希望有一個全然放鬆休憩的生活空間，回家能輕輕鬆鬆看電視，晚上有寧靜無光的睡眠環境，收納上則要滿足太太較大的衣服量。

整體空間從窗戶開始往內依序配置客廳、寢臥及更衣間，讓採光最好的位置留給白天待最久的公領域，較暗的中段位置剛好給怕亮又怕吵的夫妻倆規劃寢臥，減少馬路車輛往來時吵雜聲影響睡眠品質。同時考量到夫妻倆人逐漸年長，未來生活狀態必定有所不便，因此空間結合無障礙設計，包括能給輪椅行走及迴轉的廊道寬度，無高低門檻的地坪設計，都讓年長者居住起來更爲安心。入口處也特別規劃玄關長廊，並且利用一道短牆形成雙動線，當夫妻其中一人在睡覺時，另一半可以直接進入客廳而不被打擾。

· **弧形線條柔化開放空間**

爲了讓窄長形的小空間有開闊感，公私領域沒有明確的牆面劃分，而是帶入柔和的弧形牆面輕巧界定空間，也讓臥室有一定的隱私及安全感。

· **依照需求規劃收納臥房更簡潔**

一道簡單的短矮牆不但界定內外空間，也圍塑出機能完整的寢臥區，內側牆面設計成工作書桌，並且賦予收納機能，獨立更衣間具有充足的衣物收量，讓小空間更有條不紊。

· **玄關長廊緩衝內外區域**

雖然空間小但仍刻意規劃一條玄關長廊，一方面滿足屋主想在牆面佈置旅行照片的想法，最重要的是藉由短牆形成雙動線，屋主更能自在穿梭在空間中不受侷限。

20
空間實例

微調牆面提升機能，簡約框架勾勒清爽通透氛圍

空間設計暨圖片提供｜樂治設計　文｜ Celine

HOME DATA ▸ 坪數：20 坪｜屋況：新成屋｜家庭成員：2 大人

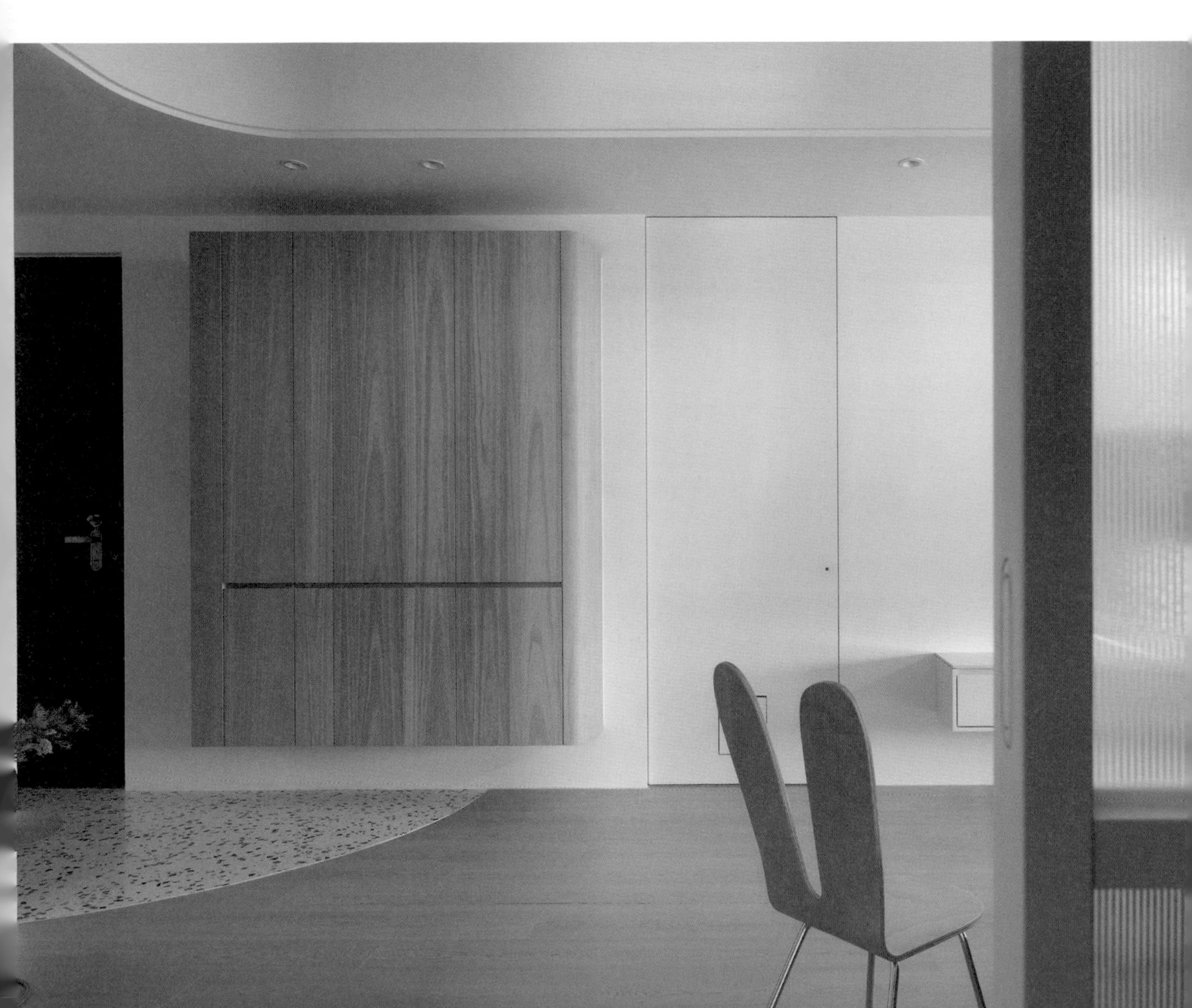

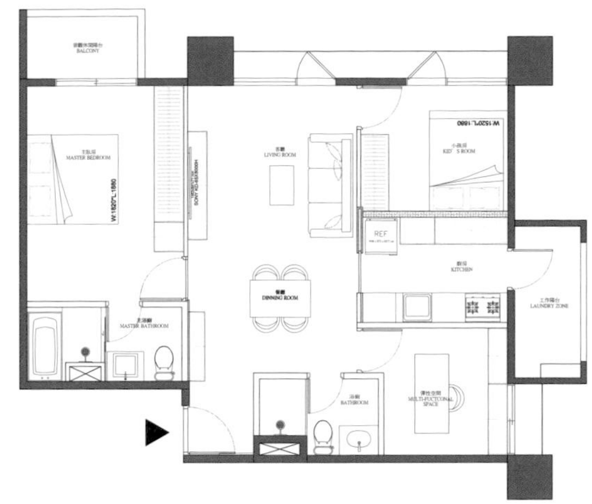

弧形線條修飾大樑

電視立面上端所橫亙的大樑，利用弧形木作給予弱化，玄關磨石子地坪則延續相同語彙，也為簡約設計注入隨性與活力氛圍。

配有三房的新成屋格局，最讓屋主困擾的是廚房空間有限，電器櫃與冰箱放置成一大問題，以最低限度的格局變動為前提之下，設計師微調次臥隔間，為一字型廚房擴增家電收納機能之外，也能擺放冰箱，使用動線更為流暢。此外，廚房門扇改為長虹玻璃材質，打造輕盈通透的視覺效果，也化解廚房的封閉感。

公共場域則以簡潔乾淨為主要訴求，橫亙客廳且寬的大樑，利用柔和的圓弧線條予以弱化，而玄關地坪回應此造型語彙，以彩色磨石子勾勒界定場域屬性，同時在淺色木紋、鐵件及軟裝陳設所鋪陳的俐落氛圍之中，帶入輕快活力的層次變化。

· **輕盈通透拉門化解封閉感**

位於沙發後的一字型廚房，採用長虹玻璃拉門作爲隔間，可適度遮擋又能達到穿透光線的效果，同時化解獨立空間的封閉感。

· **燈帶設計烘托溫暖氛圍**

玄關入口左側規劃懸空櫃體，溝縫分割設計兼具把手功能，同時也讓簡單的立面更具變化性，倚牆面與懸空底部皆配置燈帶設計，爲家創造溫暖柔和氛圍。

· **開放層架收納常穿衣物與包包**

小宅空間收納櫃體採用系統家具爲主，挑選如水泥紋理般的板材以及無把手設計，呼應簡約乾淨的調性，轉角部分搭配鐵件與層板，可隨手吊掛常穿的外套或是包包配件。

· **草綠櫃牆自然清新**

沙發主牆後方爲預留的小孩房，將未來所需要的機能一次做足，櫃體選用莫蘭迪綠，在簡約白色調之中顯得清新柔和。

21
空間實例

拆一房+集中式收納，拯救採光也更寬闊

空間設計暨圖片提供｜十一日晴空間設計　文｜Celine

HOME DATA ▶ 坪數：18 坪｜屋況：新成屋｜家庭成員：1 大人

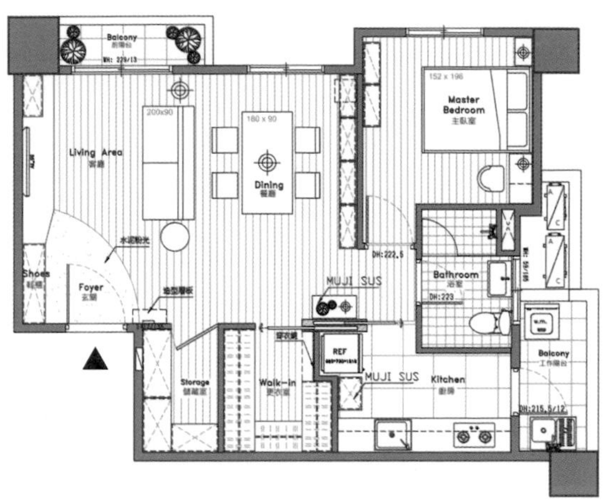

拆一房創造寬闊生活尺度

預售屋在客變階段就進行格局調整，因應一人居住與實際生活需求，拆除一房得以換來寬闊的客餐廳空間，光線也變得較爲明亮。

這間 18 坪的新成屋自客變階段卽展開設計，依據業主的生活習慣與需求預先調整格局，將原始兩房配置改爲一房，客餐廳變得開闊寬敞也較爲明亮。有別於一般更衣室規劃在臥房的做法，此案採用集中式收納概念，將更衣室獨立規劃，運用簡單層板與收納盒，讓業主彈性整理衣物，而臥房則回歸更爲純粹的功能，反而才能好好放鬆休息。

除此之外另設置獨立儲藏室，搭配活動層架家具，收納換季家電、行李箱與各種生活雜物，如此一來公領域便能維持整齊清爽的狀態。入門處的主要立面則藉由懸浮高櫃、設備櫃、壁櫃等設計，收整機能同時創造立面的視覺平衡，另外像是儲藏室、更衣間門片延伸牆色，且改爲暗門與拉門形式，讓整體線條更爲簡約俐落。

· 集中收納讓家隨時保持整齊

寬闊的公共領域，廊道右側分別是通往儲藏室與更衣室，透過集中式收納概念，客餐廳可避免設置過多櫃體，隨時保持清爽整齊的空間樣貌。

· 深淺木色交織復古日系氛圍

空間捨棄施作天花板，保留屋高更爲舒適，餐廳區域選用可依照需求組裝的胡桃木書櫃與各種收納、文件盒使用，搭配琺瑯吊燈、木質餐椅等運用，呈現屋主喜愛的清爽復古日系氛圍。

· 圓弧落塵區柔化空間線條

玄關入口拉出一道圓弧地坪作爲落塵區，利用水泥粉光打底加上樂土防止起砂，弧形線條爲家注入溫暖柔和氛圍。懸空式鞋櫃底部則可放置掃地機器人與使用頻率較高的鞋子穿脫。

· 簡約純粹的臥房設計

因另將更衣室獨立配置於公共領域，臥室回歸簡約純粹的設計框架，僅適度地搭配活動家具，提供梳妝用途。

22

空間實例

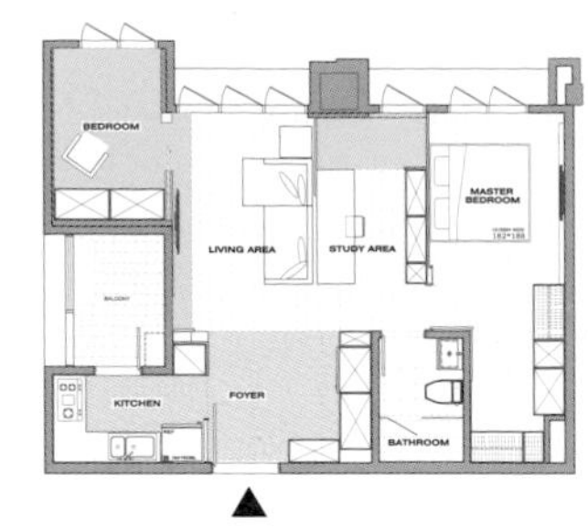

和諧木白配色，譜出寬心微型住宅

空間設計暨圖片提供｜思謬空間設計　文｜ Fran Cheng

HOME DATA ▶ 坪數：16.5 坪｜屋況：新成屋｜家庭成員：2 大人

這是年輕夫妻倆以自己的起居動線爲架構，並事先客變規劃的新屋，在16.5 坪的空間先將書房做開放格局，並將餐飲功能併入大書桌區，釋出的空間就可讓客廳更寬鬆。由於會有客房需求，所以維持二房，並將雙衛格局改成一衛浴間，撤掉的主臥衛浴則改做更衣間；最後將玄關略爲放大，讓出一片小空地來滿足健身需求。

全室以溫潤木皮爲基調，搭配不同質感白牆、石紋大板磚與美耐板等白色建材，最後再以鐵件綴飾做畫龍點睛，讓微型住宅因大方優雅的色塊應用而顯得更寬敞舒適。同時以化整爲零的手法，在不同建材變化之間穿插安排了收納機能，如玄關大樹櫃、電視牆上方的鐵件格櫃、和室架高客房下方的抽屜與書房與主臥之間的隔間櫃等，讓小宅收納也能很滿足。

· 以開放書房作爲家的心臟區

爲了能釋放更多空間，將用餐、娛樂與工作空間都整併在開放書房區，同時利用書房與臥房的牆面設計出書櫃與隔間櫃等收納機能，讓位於室內中心位置的書房成爲家的心臟區。

· 實用書房作爲生活與空間軸心

因應屋主生活習性，將書房開放並以大桌面來因應工作與餐飲生活之需，同時省下的餐桌空間可以放大客廳，也能讓玄關升級爲健身區，窗邊則加設臥榻提供休憩之用。

· 木質更衣間兼備收納與美感

原本主臥格局小，連放衣櫥的空間都沒有，因而決定在客變時就把主臥衛浴間撤除，並進一步規畫爲開放的走入式更衣間，透過木櫥櫃與白牆的映襯搭配，讓空間畫面更有層次美感外，也有放大格局的效果。

23

空間實例

減隔間放大空間尺度，樑下配機能降低壓迫感

空間設計暨圖片提供｜初白設計　文｜Celine

HOME DATA ▸ 坪數：8 坪｜屋況：新成屋｜家庭成員：1大人

僅僅 8 坪的空間，原建商兩房配置所形成的眼鏡房格局，室內光線薄弱、走道狹窄且浪費坪數，整體也令人感到擁擠侷促。既然是一人生活沒有強烈的隱私需求，捨棄制式隔間牆，臥室改爲通透玻璃材質，公領域則選用機能性矮櫃取代隔間牆，讓小宅的每一處角落都能感受到光線與空氣流通。除此之外，中島檯整合收納且兼具餐桌形式，隱藏折疊桌板滿足朋友聚會使用，也維持自由流暢的行走動線，有助於創造寬敞尺度的效果。

材料運用上以木頭、鐵件與特殊漆爲主，於客變階段即替換水泥紋理廚具門板，另外藉由訂製家具打造復古、仿舊刷色的各式鐵件櫃體以及衛浴穀倉門扇，同時掌握每個場域的燈光色溫，搭配軌道燈配置，烘托溫暖又帶有優雅質感的工業氛圍。

· **溫暖優雅的個性工業氛圍**

利用三種材料：木頭、鐵件與灰泥塗裝，加上控制整體色溫，以軌道燈搭配吊燈，烘托暖調工業氛圍，以噴塗手法塗布的特殊漆，可兼顧預算又能營造如藝術塗料般的質感效果。

· **樑下規劃走道與家具轉移壓迫性**

面對室內高度較爲低矮，樑又寬大的情況，將矮櫃、走道配置於樑下，巧妙轉移化解大樑可能產生的壓迫感。餐廚旁的立面特意調出灰藍色彩，與黑灰爲主軸的工業氛圍更爲協調，又能創造吸睛視覺。

· **通透隔間、開放機能創造寬闊尺度**

臥房採用通透的黑鐵玻璃隔間，讓進門視線足以延伸，空間自然有放大寬闊的效果，同時捨棄制式衣櫃，採用開放懸掛、層架與訂製抽屜櫃，賦予小宅豐富多元的收納，也避免壓縮空間感。

24
空間實例

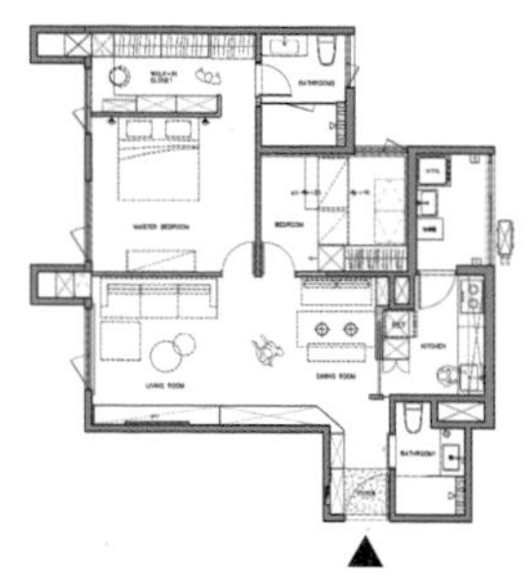

精簡材質元素，打造純粹療癒的木質調小宅

空間設計暨圖片提供｜構設計　文｜喃喃

HOME DATA ► 坪數：18 坪｜屋況：中古屋｜家庭成員：2 大人

只有 18 坪隔成三房，其中一房空間偏小不好使用，考量只有屋主夫妻倆居住，因此決定併入鄰近主臥的一小房擴增主臥，如此一來，空間安排更有餘裕，還能順利規劃出一個實用的更衣間。當三房格局變成兩房時，刻意把主臥與另一房隔牆拉齊，藉此將原始格局因過道產生的畸零空間，全部納入主臥，做更有的效運用。

屋主偏好極簡、自然的居家風格，因此減少設計元素，只以少量高櫃，來收整空間裡的雜物，維持簡潔基調，接著再以大量的木素材來做鋪陳，並在地板、牆面、家具各自選用不同的深淺木色，來展現木材質天然紋理與木色的豐富樣貌，也製造出更多視覺變化。除此之外，並加入同屬自然屬性的水磨石搭配點綴，在延續空間主調的同時，也爲純粹的木質空間，注入獨特個性。

· **斜切設計化解格局缺點**

在玄關銜接公共區域的入口位置，採用斜切面設計，藉此引導視線，轉移視線重點，化解入門即見餐桌的尷尬。

· **自然融入成爲裝飾元素**

在牆面鋪貼木貼皮，來裝飾並增加空間視覺重心，刻意採用線條切割，製造豐富的視覺變化，藉此也能巧妙將門片自然融入裝飾牆，而不顯突兀。

· **間接光源有引導、打亮目的**

特別規劃間接光源，除了有強調視覺引導作用，同時也能打亮採光不足的玄關區域，並藉由柔和的間接光線，來營造出歡迎回家的溫馨氛圍。

25

空間實例

複合空間放大空間尺度、提高收納坪效

空間設計暨圖片提供｜十一日晴空間設計　文｜ Celine

HOME DATA ► 坪數：13.5 坪｜屋況：新成屋｜家庭成員：2 大人

年輕業主對於生活有許多喜好，手帳、手作、皮件和復古家具，以及藝術家皆川明的設計，希望家能讓他們感到舒適溫暖，可以持續地居住下去。首先微調小宅格局，入口右側架高區域既是休憩也能彈性作為客房使用，形成倆人最喜歡窩著的居心地。

小廚房因建築體關係產生難以利用的轉角格局，透過木作訂製餐櫃平台，開放設計便於收納中小型家電設備，轉身就能順手使用，同時替換壁面磁磚，讓角落既實用又有美感。即便空間不大，仍劃設出獨立玄關，藤編門扇內除了鞋櫃更有深度 60 公分的吊衣櫃，一側牆面則搭配造型掛鉤收放小物，甚至在門後更利用建築既有內凹結構，為小宅創造儲物機能。公領域主要櫃體倚牆而設，開放層架搭配抽屜櫃，44.5 公分深度滿足書籍、設備等收納，更整合倆人所需的手作區域，沉浸於喜愛的事物中。

· **橫拉門片放大空間尺度**

次臥採用橫拉門片取代制式隔間，放大公領域視野，而收納門片所需深度正好同時衍生一道淺櫃牆，既可遮擋床頭，也讓擁有許多生活小物的倆人能佈置陳列。

· **架高平台打造休憩、客房機能**

進門右側空間採用架高式設計，兼具休憩與客房用途，保有光線與寬闊性，同時也擴增抽屜收納，活動捲簾則彈性提供隱私需求。

· **木製平台擴充廚房收納**

受建築結構限制，無可避免的轉角空間，藉由訂製木作平台與開放櫃體，增加小廚房的收納量，平台、層架以小家電與餐廚道具為主，轉身使用拿取都相當順手。

26
空間實例

善用坪效，小宅也有中島廚房、雙工作區

空間設計暨圖片提供｜初白設計　文｜ Celine

HOME DATA ► 坪數：15 坪｜屋況：新成屋｜家庭成員：2 大人

日光圍繞創造明亮舒適

公領域經過一番微調，餐廳兼工作區享有大面採光之外，廊道也因為局部玻璃隔間所引入的自然光，讓整個家明亮舒適。

15 坪的兩房小宅，原本一進門就是獨立廚房，動線擁擠侷促，也難以規劃玄關基本的收納機能，取消隔間打造開放式廚房，弧形中島廚區拉出流暢的環繞動線，創造空間延伸與開闊性，同時藉由微調格局為小宅增加儲藏室及入口鞋櫃。除此之外，餐廳挪移至臨窗面與客廳連結，且捨棄電視主牆設計，選擇可移動電視設備，小空間運用更為靈活彈性；餐廳區域選搭木質大餐桌，結合開放書牆家具，兼具居家辦公功能，清爽的白色基調加上大面採光，令人倍感舒適。

主臥房一側有著採光的角落，巧妙規劃為梳妝兼工作區，讓居家辦公的夫妻倆能擁有各自獨立的工作場域，一方面將局部隔間牆換成長虹玻璃，借此處採光引至廊道，另一面較寬的牆面則配置衣櫃，鏤空線條兼具把手設計，讓系統家具呈現如木作訂製般的設計質感，而未及頂的高度設計，避免造成視覺壓迫。

POPEYE

· 隱藏照明柔和氛圍、弱化大樑

爲使客餐廳擁有完整的大面採光窗，客廳捨棄電視主牆設計，未來將添購可移動電視，讓生活不被空間所侷限，公領域不做天花爭取高度，沙發背牆隱藏照明柔化空間線條也修飾大樑。

· 弧形、色彩運用打造柔和溫馨氛圍

主臥房利用臨窗一處畸零角落，利用 L 形桌面規劃出梳妝、工作區，擴增空間的使用性；門斗、門扇置入弧形線條創造溫暖柔和氛圍，床頭則利用最有效益的塗刷方式，讓立面有深淺變化。

· 把手隱形化提升系統櫃體質感

主臥房其中一道隔間採用長虹玻璃材質，讓窗邊的自然光線可以透至廊道，床尾牆面所設置的衣櫃，藉由線條分割的設計語彙，提升系統櫃體質感。

· 訂製實木廚具提升小宅精緻感

打開隔間換取中島開放廚房，實木貼皮的訂製板材延伸至抽拉層板，搭配弧形造型語彙讓整體更爲精緻，同時創造出流暢、有助於放大空間感的環繞動線。

27

空間實例

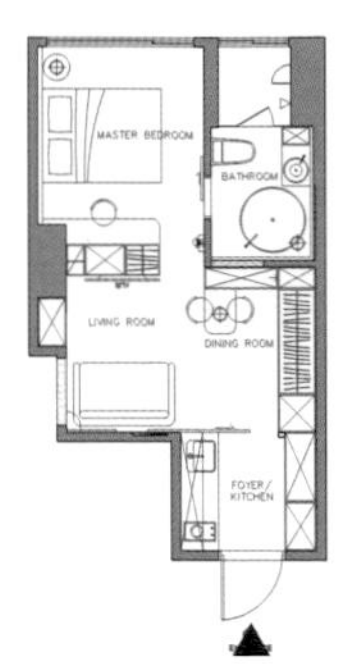

充滿思膩巧思的輕奢古典小宅

空間設計暨圖片提供｜構設計　文｜喃喃

HOME DATA ▶ 坪數：9 坪｜屋況：新成屋｜家庭成員：1 大人

當屋主買下這間 9 坪大的房子時，希望將這個空間完全依據自己的喜好來進行居家裝潢。首先，爲了打造屋主期待的新古典風，運用大量的大理石，來型塑輕奢古典基底，接下來在門片、牆面，採用線板、百葉窗來點綴立面，藉此注入更濃厚的古典氛息，讓古典風空間更到位，考量是小坪數空間，顏色選用白色與淺灰色交錯混搭，製造視覺變化的同時，也能讓線板看起來更爲輕盈，沒有壓迫感。

空間雖小，仍需區隔出公私領域，因此延著空間樑柱規劃電視牆，同時賦予這道隔牆除了分界功能外，還融入音響、電視、收納等多重機能，至於全屋的收納，則收整在從玄關一進門延伸至用餐區的牆面，超大收納量，完全可收納屋主的衣物、鞋子等生活物品，且由於櫃體深度與樑寬切齊，不只沒有壓迫感，反而有收斂線條，製造俐落的視覺效果。

· **藉由調整出口，空間使用更完善**

衛浴開門位置移至另一側牆，不只使用動線更合理，同時也能讓出一個完牆面，來規劃櫃體增加收納空間，再加以利用做成用餐吧檯，讓生活空間機能可以更完整。

· **收斂經典元素，展現輕盈古典風**

線板、格窗及百葉窗是古典風經典元素，選用經典且簡潔的款式，除了有放大效果的白以外，適度加入淺灰色，讓空間更顯沉穩且深具質感。

· **透過精巧設計，提昇使用舒適度**

電視牆同時也是收納櫃體，面向臥房這邊更延著櫃體與樑柱規劃出平台，做爲梳妝台使用，調整過的衛浴入口，則以推拉門取代傳統門片，藉此節省迴旋空間，讓臥房動線安排更自由。

28

空間實例

換位思考，迎來全室明快與風景動線

空間設計暨圖片提供｜湜湜空間設計　文｜ Fran Cheng

HOME DATA ▸ 坪數：16.5 坪｜屋況：新成屋｜家庭成員：2 大人＋ 1 狗

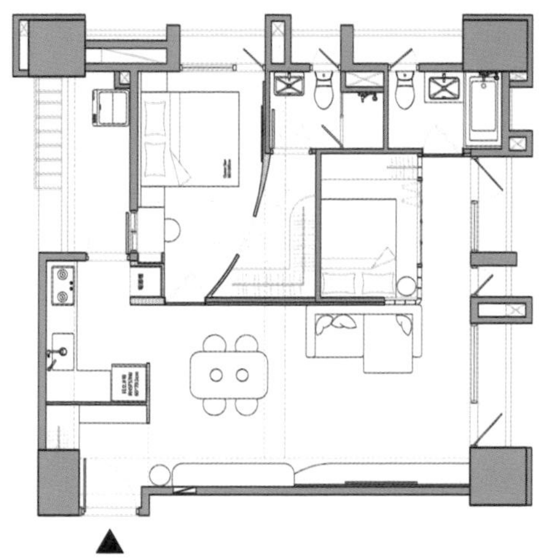

暖灰牆與木白餐櫃調出奶茶系空間

爲了調整公共區單向採光問題，除了利用格局調整來增加採光面外，在牆面的配置上，選擇以較深的暖灰電視牆搭配木白色餐櫃來調整明暗度，達到業主想要的和諧暖心奶茶空間色調。

雖然在購屋時屋主就先請建商將三房格局客變爲兩房，但與設計師討論後才發現公共區採光不足，夾在兩間臥室間的走道甚至完全無採光。爲改善問題，設計師提了幾種設計版本，最後在不動雙衛浴前提下將主、次臥對調，再把走道移至窗邊，這樣一來原主臥的開窗就開放變爲走道窗景，原來常見動線也變得有趣且變化豐富，同時採光面可順利分享給公共區，玄關、餐廚區、客廳也得以完整串連，不讓走道缺口影響沙發牆完整性。

公共空間的氛圍營造上，首先運用暖灰漆牆與煙燻棕木地板來打造奶茶色空間的暖心基調。接著搭配木白色餐櫃，以及沙發牆旁 L 型轉角的玻璃磚牆，讓畫面變得穿透與輕盈，也成功將入門視覺引導向沿窗的走道，讓整個公共區更有提亮效果。

· **白色餐櫃與天花板緩減暗沉氛圍**

由於玄關與餐廚區只能靠客廳採光而顯得有些陰暗，因此選擇以木白色餐櫃與淺米色天花板漆色，除可增加空間溫暖元素外，也有拉升屋高效果。沙發牆則因走道位置調整而獲得更爲完整的主牆面。

· **異材質玻璃磚牆吸引入門目光**

爲了調整公共區因單向採光而有光源不足的問題，在沙發牆的左後方選用了玻璃磚做出 L 型轉角牆，不僅增加採光面與輕盈感，同時異材質銜接的玻璃磚牆也成爲目光焦點。

· **主、次臥對調，換來美麗採光步道**

爲改善原本夾在兩房間的陰暗走道問題，將主臥與次臥對調，以便讓出原來被關在房間的大面窗戶，而次臥也改以玻璃磚與摺疊門來保留更多光源，並且將次臥地板改成架高設計來增加上掀式收納機能。

附錄

小宅裝修 Q&A

Q1 想要有書房、客房，如果是小坪數居家，有可能做到嗎？

對小坪數來說，爲了最大程度保留空間完整，製造開闊空間感，因此除了臥房等私領域，才會特別獨立出來外，像是餐廚、客廳、書房等區域，大多會採用開放式格局來做規劃，想讓空間擁有更多樣性，通常必需藉由整合機能才能讓空間的產生更多變化，像是利用折疊門、滑門來讓空間獨立或開放，或是採用可收放的桌面設計，來結合用餐、書寫機能，進而定義空間，又或者隔牆以收納櫃取代，兼顧界定與收納兩種需求。

Q2 空間小又只有單面採光，怎麼規劃空間？

小坪數空間最常見的問題就是只有單面採光，如果又有隔間擋住，那全室幾乎變成暗室缺乏光線，這時爲了釋放光線，會建議採用開放式格局規劃，盡量減少隔間牆，避免光線被牆面阻擋。

若一定要有隔牆隔間，那麼可採用半牆設計，不會阻礙光線，但又能維持空間的採光與透通，或者選用玻璃這類穿透性的材質來做爲隔牆，如此一來就能達到隔間功能，又能保留採光，若想要讓空間更彈性使用，可以選擇滑門或折疊門，玻璃材質可讓光線穿透，空間又能隨門片的開闔彈性使用。

Q3 小坪數家具應該怎麼挑？

小坪數居家空間小，並不適合使用過大的家具，而且爲了不造成空間壓迫，在材質的選擇上也需注意，以下是小坪數挑選家具時要注意的事：

1. 雖然比起其它空間，客廳屬於坪數較大的空間，但仍要避免選用尺寸過大的

家具讓空間變得擁擠，像是茶几除了傳統的長型或方型，建議可選用圓型或橢圓形，來讓空間感覺更爲柔和，或採用大小組和式，視需求彈性利用。

2. 沙發、櫃體等家具，盡量選用較低矮的款式，藉此降低垂直空間的視野壓力，而且可讓牆面有更多留白，整體空間看起來就會比較開闊。

3. 屬於大型的家具，如沙發、餐桌等，建議選用細腳或採不落地設計，藉此可降低視覺重量，同時也能爲整體空間帶來輕盈的視覺感受。

Q4 小坪數裝修預算有比較省嗎？

一般裝修預算的計算方式，通常是以坪數來計算，若以這樣的概念來看，坪數愈小預算相對就愈低，但小坪數居家有時因爲空間過小，需要量身定製，就會讓費用增加，例如制式標準規格的櫃體，絕對比量身訂製來得便宜。

在進行工程時，空間小很多工程無法同時進行，加上施作難度高，也會讓預算再往上飆昇，除此之外，小坪數居家常見一些特殊機能設計，這也是量身訂製的一部分，費用也會根據設計施作難度增加。所以在進行裝修時，需將這些一併考慮進去，才不會與預期的預算落差太大。

Q5 空間小適合採用比較複雜的設計風格嗎？

想讓小空間有開闊、放大感，最重要的就是要讓空間盡量有留白空間，因此過於複雜的居家風格會比較不建議，混搭多種風格更是最好不要，建議最好是統一風格，再藉由風格元素來串聯空間，達到放大空間目的。

附錄

小宅裝修 Q & A

至於空間裡的牆面、家具等色系，可從居家風格延伸出適合的色系，但一樣不宜使用過多色彩，也不適合選用太過強烈的色系搭配，避免造成視覺衝突，不只讓空間看起來更加狹窄，也讓人無法感到放鬆。若擔心過於顏色太少過於單調，可利用深淺色階，來低調做出變化。

Q6 小坪數臥房太小，怎麼設計才能同時擁有衣櫃、書桌？

在小坪數空間裡，最容易被壓縮到空間的就是臥房，然而臥房不是只有放張床，還要有衣櫃、書桌等基礎機能，但若是空間實在太小，無法放下衣櫥，則建議可將床做架高設計，藉由架高深來創造收納空間，解決收納不足問題。

若有空間擺放衣櫥，衣櫥門片要選用推拉門款式，減少門片迴旋空間，梳妝台或書桌，則可透過木作或者系統櫃，從床頭櫃做延伸，滿足機能需求。

Q7 小坪數空間裝潢建材怎麼挑比較好？

由於空間狹小，因此小坪數居家在裝修時除了可利用設計手法來讓空間有放大感之外，其實只要用對了材質，也能製造空間放大的效果。

最常見的就是使用玻璃材質，來化解小空間封閉感，同時又能利用其穿透特性，來延伸視覺達到空間開闊目的，至於地板材質常見的磁磚和木地板，則建議可使用尺寸較大的款式，如此可減接縫產生的線條，讓空間看起來更俐落，更能賦予空間大器質感，除此之外，像是厚度輕薄，但承重力足夠的鋼、鐵材質，也都相當適合運用在小坪數空間。

Q8 打造收納牆會不會讓本來就小的空間感覺很有壓迫感？

常見規劃一整面收納牆來滿足一家人收納需求，這種設計雖然可滿足收納需求，但卻容易對空間造成壓迫感，想要消解櫃體迎面而來的壓迫，可利用一些設計手法來化解。

最簡單的方式就是採用淺色系或者懸空設計，利用淺色系及懸浮感，來製造輕盈視覺，緩解量體沉重感，在櫃體立面部分，則可採用鏤空、線條分割等設計，來製造視覺變化，轉移視覺焦點淡化櫃體存在感。

Q9 臥榻要怎麼設計才能好用又增加收納空間？

爲了增加空間和收納，在很多小宅裡可以看到有臥榻設計，但若設計不好，常淪爲閒置空間，因此有幾個設計要特別注意。首先如果想利用架高深度來創造收納空間，不同於和室仍以短暫的坐臥功能爲主，因此臥榻深度在 38 至 42 公分左右，高度則跟一般坐椅一樣落在 38 ～ 45 公分，坐下時雙腳較無負擔。若規劃有收納設計，則要視收納物品類型，可採用上掀或者拉抽設計。

Q10 小坪數居家玄關怎麼做才好用？

小坪數居家因爲空間太小，因此大多沒有多餘的空間來規劃出玄關區，但也因爲少了玄關機能，而讓人在進出門時容易顯得手忙腳亂。想規劃玄關，爲了維持空間開闊感，可用不同地坪材質來劃出玄關區，若有風水、隱私考量，則常見以木格柵或使用玻璃材質做成的屛風來區隔空間，既能遮掩視線又能保留通透感。小小的玄關收納量卻不能少，頂天高櫃容易有壓迫感，建議可採用懸空設計，或以兩截式設計降低量體重量，中間鏤空還能做爲臨時置物平台，下方懸空處則能收納拖鞋。

DESIGNER **DATA**

十一日晴空間設計

TheNovDesign@gmail.com
台北市文山區木新路三段 243 巷 4 弄 10 號 2 樓

知域設計 NorWe

02-2552-0208 | norwe.service@gmail.com
台北市大同區雙連街 53 巷 27 號 1 樓

大見室所設計工作室

04-2372-0370 | bigsense55@gmail.com
台中市西區公館路 162 號

思謬空間設計

02-2785-8260 | ch28.interior@gmail.com
台北市中山區大直街 127 巷 13 號 1 樓

初白設計 LeBlanc

02-2708-8260 ｜ leblanc.thing@gmail.com
台北市大安區敦化南路二段 59 號 12 樓

掘覺設計

02-2883-6736 ｜ curtis7716@gmail.com
台北市士林區中山北路五段 461 巷 37 號 2 樓

森叄設計

02-2325-2019 ｜ sngsan02@gmail.com
台北市大安區建國南路二段 171 號 2 樓

構設計

02-8913-7522 ｜ madegodesign@gmail.com
新北市新店區中央路 179-1 號 1F

DESIGNER **DATA**

湜湜空間設計

02-2749-5490 ｜ hello@shih-shih.com
台北市中正區臨沂街 50-5 號

樂湁設計

0975-695-913 ｜ lsdesign16@gmail.com
台北市敦化南路一段 100 巷 26 號

溫溫空間設計

0921-697-062 ｜ wenwen.design.tw@gmail.com
桃園市桃園區溫州一路 57 號 7 樓

質覺制作

02-2633-0665 ｜ beingdesign3@gmail.com
台北市大安區和平東路二段 181 號 6 樓

璞沃空間設計

03-4355-999 | rogerr1130@gmail.com
桃園市中壢區四維路 12 號

小宅裝修基礎課

2023 年 05 月 15 日初版第一刷發行

編　　著　東販編輯部
編　　輯　王玉瑤
採訪編輯　Celine・EVA・Fran Cheng・喃喃・陳佳歆
封面・版型設計　謝捲子
特約美編　梁淑娟
發 行 人　若森稔雄
發 行 所　台灣東販股份有限公司
＜地址＞台北市南京東路 4 段 130 號 2F-1
＜電話＞(02)2577-8878
＜傳真＞(02)2577-8896
＜網址＞http://www.tohan.com.tw
郵撥帳號　1405049-4
法律顧問　蕭雄淋律師
總 經 銷　聯合發行股份有限公司
＜電話＞(02)2917-8022

Printed in Taiwan
本書如有缺頁或裝訂錯誤，請寄回更換（海外地區除外）。

小宅裝修基礎課 / 東販編輯部作 .
-- 初版 . -- 臺北市 :
臺灣東販股份有限公司 , 2023.05
176 面 ; 17×23 公分
ISBN 978-626-329-799-9 (平裝)

1.CST: 家庭佈置 2.CST: 空間設計
3.CST: 室內設計

422.5　　　112004183